FORSCHUNGSBERICHTE DES LANDES NORDRHEIN-WESTFALEN

Nr. 1889

Herausgegeben im Auftrage des Ministerpräsidenten Heinz Kühn
von Staatssekretär Professor Dr. h. c. Dr. E. h. Leo Brandt

DK 517.948.5

Paul L. Butzer — *Walter Trebels*

Lehrstuhl A für Mathematik
an der Rhein.-Westf. Techn. Hochschule Aachen

Hilberttransformation, gebrochene Integration und Differentiation

SPRINGER FACHMEDIEN WIESBADEN GMBH

ISBN 978-3-663-06344-5   ISBN 978-3-663-07257-7 (eBook)
DOI 10.1007/978-3-663-07257-7

Verlags-Nr. 011889

Vorwort

Diese Monographie behandelt die eindimensionale Hilberttransformation und die gebrochene Integration auf der reellen Zahlengeraden. Da sich viele der Beweise auf die Fouriertransformation für L^p-Funktionen ($1 \leqq p \leqq 2$) stützen, haben wir in Kapitel 1 alles Nötige aus der Theorie der Fouriertransformation für Funktionen einer Veränderlichen systematisch zusammengestellt. Weiterhin haben wir uns erlaubt, die wohlbekannten Eigenschaften der Hilberttransformation ohne Beweis vorauszusetzen und weniger bekannte ausführlich zu beweisen. Der Schwerpunkt der Monographie liegt bei den Kapiteln 3–6, deren Ergebnisse zum großen Teil neu sind. Da in der Einleitung über die Problemstellung und über die Resultate näher berichtet wird, sei an dieser Stelle nur erwähnt, daß Ausgangspunkte unserer Überlegungen Arbeiten folgender Mathematiker sind: S. BOCHNER, J. L. B. COOPER, W. FELLER, G. H. HARDY, J. E. LITTLEWOOD, G. O. OKIKIOLU, M. RIESZ, E. C. TITCHMARSH und H. WEYL. Dadurch wird eine Einordnung unserer Ergebnisse gewährleistet.

Unser besonderer Dank gilt Herrn Professor J. L. B. COOPER für viele fruchtbare Diskussionen und wertvolle Ratschläge. Seine Vorträge im Aachener Kolloquium und seine Teilnahme an einer Tagung, die der erstgenannte Verfasser im MATHEMATISCHEN FORSCHUNGSINSTITUT OBERWOLFACH im August 1963 abgehalten hat, waren stets anregend. Die Verfasser danken den Herrn Dr. E. GÖRLICH und H. JOHNEN für manche kritischen Bemerkungen und für ihre Mithilfe bei der Durchsicht von Teilen des Manuskripts und der Korrekturen, ferner Frl. K. REIMER-KELLNER, die das Manuskript mit großer Sorgfalt geschrieben hat, und dem Westdeutschen Verlag für sein Entgegenkommen und die gute Ausstattung dieser Monographie.

Nicht zuletzt möchten wir dem Landesamt für Forschung des Landes Nordrhein-Westfalen für seine Förderung des Forschungsvorhabens sehr danken.

Aachen, im Mai 1967

Paul L. Butzer – Walter Trebels

Inhalt

Einleitung

Wie der Titel der Monographie angibt, liegt einer der Schwerpunkte dieser Arbeit auf dem Begriff der gebrochenen Integration auf der reellen Zahlengeraden E. Dieser Begriff ist von verschiedenen Autoren verschieden definiert worden und ist somit nicht a priori eindeutig festgelegt. Als klassische Definition bietet sich diejenige von H. WEYL [1] an:

$$(0.1) \qquad I_\alpha^+ f(x) = (1/\Gamma(\alpha)) \int\limits_{-\infty}^{x} (x - t)^{\alpha-1} f(t)\, dt;$$

hierbei ist $0 < \alpha < 1$ und f hinreichend glatt und im Unendlichen hinreichend schnell verschwindend vorausgesetzt. Eine andere, für die L^p-Klassen zweckmäßigere Definition gibt M. RIESZ [2; p. 16, 19] durch

$$(0.2) \qquad I_\alpha f(x) = \left(2\,\Gamma(\alpha) \cos \frac{\pi}{2}\,\alpha\right)^{-1} \int\limits_{-\infty}^{\infty} |x - t|^{\alpha-1} f(t)\, dt.$$

Diese verallgemeinert W. FELLER [1] weiter zu

$$(0.3) \qquad I_\alpha^\delta f(x) = (\Gamma(\alpha) \sin \pi\alpha)^{-1} \int\limits_{-\infty}^{\infty} |x - t|^{\alpha-1} f(t) \sin \alpha \left(\frac{\pi}{2} + \frac{x - t}{|x - t|}\,\delta\right) dt,$$

wo δ eine feste, reelle Zahl ist. Es wird sich herausstellen, daß mittels der Hilberttransformation, definiert durch

$$(0.4) \qquad H_0 f(x) \equiv f^{\sim}(x) = \mathrm{PV}\, \frac{1}{\pi} \int\limits_{-\infty}^{\infty} (x - t)^{-1} f(t)\, dt,$$

$I_\alpha f$ bzw. $I_\alpha^\delta f$ sich durch $I_\alpha^+ f$ für geeignete f ausdrücken läßt und selbstverständlich umgekehrt. Als wesentlich neuer Begriff ist demnach (für geeignete f) nur die klassische Definition anzusehen. Die beiden anderen Definitionen erhalten Berechtigung erstens dadurch, daß sie einen einfacheren Kalkül liefern, und zweitens, daß sie auf größeren Funktionenklassen sinnvoll erscheinen.

Eng verknüpft mit der gebrochenen Integration ist der Begriff der Ableitung gebrochener Ordnung; er läßt sich auf verschiedene Arten definieren. H. WEYL [1] faßt bei gegebenem $I_\alpha^+ f \equiv g$ die Lösung der Integralgleichung (0.1), nämlich f, als die Ableitung der Ordnung α von g auf. M. RIESZ [2; p. 14] hingegen integriert f $(1-\alpha)$-fach und differenziert anschließend das gebrochene Integral im gewöhnlichen Sinne; die Ableitung des gebrochenen Integrals, soweit sie existiert, bezeichnet er als Ableitung der Ordnung α von f: $D^\alpha f(x) = f^{(\alpha)}(x) = \dfrac{d}{dx} I_{1-\alpha}^+ f(x)$. Die Konsistenz dieser beiden Definitionen wird gezeigt. Insbesondere werden die Beziehungen zwischen $\dfrac{d}{dx} I_\alpha^+ f(x)$, $\dfrac{d}{dx} I_\alpha f(x)$ und implizit $\dfrac{d}{dx} I_\alpha^\delta f(x)$ (auch für höhere Ableitungen) untersucht. Hierbei ergeben sich Sätze über die Vertauschbarkeit von Hilberttransformation und gebrochener Differentiation, die eine Erweiterung der klassischen Sätze über die Vertauschbarkeit von Hilberttransformation und gewöhnlicher Differentiation darstellen. So gilt z. B. für geeignete f

$$D^\alpha(H_0 f)(x) = H_0(D^\alpha f)(x) \quad f.\ddot{u}.$$

In diesen Betrachtungen spielen, unter geeigneten Voraussetzungen an f, gewisse Klassen von Funktionen eine besondere Rolle; dies ersieht man z. B. aus der formalen Relation*

$$(0.5) \qquad \left[\frac{d}{dx} I_{1-\alpha} f\right]^{\widehat{\;}} (v) = (i \operatorname{sgn} v) \, |v|^\alpha f^{\widehat{\;}}(v) \qquad (0 < \alpha < 1),$$

wo $f^{\widehat{\;}}$ die Fouriertransformierte von f bedeutet. Es werden für $\alpha > 0$ insbesondere die Mengen

$$(0.6)$$

$$V_\alpha^p \equiv \left\{ f \in \mathsf{L}^p(E); \; (i \operatorname{sgn} v)\,(iv)^{[\alpha]}\,|v|^{\alpha-[\alpha]}\,f^{\widehat{\;}}(v) = \left\langle \begin{matrix} \mu^{\widecheck{\;}}(v),\, \mu \in \mathsf{NBV}(E),\, p = 1 \\ g^{\widehat{\;}}(v),\, g \in \mathsf{L}^p(E),\, 1 < p \leqq 2 \end{matrix} \right. \right\}$$

bzw.

$$(0.7)$$

$$V^{\widetilde{\;}p}_\alpha \equiv \left\{ f \in \mathsf{L}^p(E); \; (iv)^{[\alpha]}\,|v|^{\alpha-[\alpha]}\,f^{\widehat{\;}}(v) = \left\langle \begin{matrix} \mu^{\widecheck{\;}}(v),\, \mu \in \mathsf{NBV}(E),\, p = 1 \\ g^{\widehat{\;}}(v),\, g \in \mathsf{L}^p(E),\, 1 < p \leqq 2 \end{matrix} \right. \right\}$$

untersucht werden. Ist α ganzzahlig, so hat P. L. BUTZER [2, 3] mit Hilfe der Funktionenklasse (0.7) folgenden Satz bewiesen:

Sei f eine auf der ganzen Achse definierte meßbare Funktion und $f \in \mathsf{L}^p(E)$, $1 \leq p \leq 2$. Die Bedingung $\|\Delta_h^n f\|_p = O(h^n)$ $(h \to 0)$ ist äquivalent dazu, daß $f, \ldots, f^{(n-2)}$ absolut stetig sind, und im Falle $p = 1$, daß $f^{(n-1)} \in \mathsf{L}^1 \cap \mathsf{BV}(E)$ ist, im Falle $1 < p \leq 2$ äquivalent dazu, daß weiter $f^{(n-1)}$ absolut stetig, $f^{(n)} \in \mathsf{L}^p(E)$ und $\lim_{h \to 0} \|h^{-n}\Delta_h^n f - f^{(n)}\|_p = 0$ ist.

Im Falle $n = 1$ wurde dieser Satz zuerst von HARDY-LITTLEWOOD [1; p. 599], [2; p. 619] für 2π-periodische Funktionen bewiesen. Ein weiterer Beweis in diesem Falle ist auch bei A. ZYGMUND [1; I, p. 180] zu finden. Wir beweisen einen entsprechenden Satz für die Hilberttransformierte im Falle $p = 1$, indem wir die Menge (0.6) benutzen; der Fall $1 < p \leqq 2$ ist mit obigem Satz von BUTZER schon behandelt, da die Hilberttransformation den Raum $\mathsf{L}^p(E)$ eineindeutig auf sich abbildet. Ist α nicht ganzzahlig, so ist es weiter unser Ziel, entsprechende Aussagen über die Existenz von Ableitungen gewisser gebrochener Integrale zu gewinnen.

Als Beweismethode wird häufig die von BUTZER [1, 2, 3] benutzte Fouriertransformationsmethode verwandt. Es ist deshalb selbstverständlich, daß einige der hier bewiesenen Sätze dem Bereich der Fourieranalysis angehören; andererseits läßt diese Methode nur die Räume $\mathsf{L}^p(E)$, $1 \leqq p \leqq 2$, zu; Aussagen für $p > 2$ werden entweder übernommen oder mit einem Dichtigkeitsargument erhalten.

So liefert diese Methode z. B. die Übertragung klassischer Sätze vom Typ:

Ist $f, g \in \mathsf{L}^1(E)$ mit $(iv)^n f^{\widehat{\;}}(v) = g^{\widehat{\;}}(v)$, so ist $f, \ldots, f^{(n-1)}$ absolut stetig und die n-te Ableitung von f ist fast überall gleich g.

Sätze von dieser Art findet man z. B. bei BOCHNER-CHANDRASEKHARAN [1; p. 28]. Es handelt sich hier wie oben um tiefliegende Übertragungen im zweifachen Sinne. Ad 1 gelangt man bei der Menge (0.6) für ganzzahlige α zu Aussagen über die Hilberttransformierte von f; hierbei ist, wie vorher ausgeführt, nur der Fall $p = 1$ von Interesse. Ad 2 sind die Mengen V_α^p und $V^{\widetilde{\;}p}_\alpha$ für nicht ganzzahlige Exponenten α von Bedeutung. Wie aus Relation (0.5) zu ersehen ist, gelangt man bei Charakterisierung der Mengen (0.6) und (0.7) zu wichtigen Aussagen über die Existenz gebrochener Ableitungen und über ihre Klassenzugehörigkeit. Wie jedoch den späteren Ausführungen zu entnehmen ist, tritt eine Beschränkung des Exponentenbereiches durch p derart auf, daß nur α mit

---

* Hier verwendete Symbole werden etwas später genauer erklärt werden.

$1 - 1/p < \alpha - [\alpha] < 1$ zugelassen werden. Diese Einschränkung kann bei andersgearteten Charakterisierungen der Mengen V_α^p und $\tilde{V}_\alpha^p$ fallengelassen werden; diese besagen, daß die Integralscharen

$$\int_\varepsilon^\infty t^{-(1+\alpha)} \{f(x+t) + f(x-t) - 2f(x)\}\, dt \qquad (0 < \alpha < 2)$$

bzw.

$$\int_\varepsilon^\infty t^{-(1+\alpha)} \{f(x+t) - f(x-t)\}\, dt \qquad (0 < \alpha < 1)$$

(und entsprechende Integralausdrücke mit Ableitungen von f bzw. $\tilde{f}$ für höhere $\alpha > 0$) gleichmäßig bezüglich $\varepsilon > 0$ in der L^p-Norm beschränkt sind.

Hiermit und mit anderen Ergebnissen gelangt man zu einer Übertragung eines bekannten Satzes von H. WEYL [1] auf L^p-Funktionen. Er formulierte:

Ist $f(x)$ α-mal stetig differentiierbar, so genügt f einer Lipschitz'schen Bedingung der Ordnung α

$$|f(x_1) - f(x_2)| \leqq Const\, |x_1 - x_2|^\alpha.$$

Umgekehrt : ist f eine (für $x = 0$ verschwindende) Funktion, die einer solchen Lipschitz'schen Bedingung genügt, so ist f (wenn nicht α-mal, so doch) β-mal stetig differentiierbar, wenn β irgendeinen Exponenten $< \alpha$ bedeutet.

Zu bemerken ist hierzu noch, daß H. WEYL diesen Satz für stetige 2π-periodische Funktionen bewiesen hat, und daß eine Verallgemeinerung auf die ganze Zahlengerade größere Schwierigkeiten in sich birgt.

Wir beschließen diese Arbeit mit einem Ausblick auf Anwendungen in der Theorie der partiellen Differentialgleichungen; hierbei ergibt sich eine Interpretation des Operators $\left(-\dfrac{d^2}{dx^2}\right)^{\alpha/2}$ von S. BOCHNER [1] durch

$$\left(-\frac{d^2}{dx^2}\right)^{\alpha/2} = \left(\frac{d}{dx} H_0\right)^n I_{1-\beta} \qquad (0 < \alpha = n + \beta - 1;\ 0 < \beta \leqq 1).$$

Dieser Operator spielt u. a. eine besondere Rolle als infinitesimaler Erzeuger des verallgemeinerten Weierstraß Operators im Sinne der Halbgruppentheorie.

Als nächstes müssen einige allgemeine Voraussetzungen und Bezeichnungsweisen festgelegt werden, die wir im folgenden, wenn nicht anders gesagt, benutzen werden. Alle hier betrachteten Funktionen f (reell- oder komplexwertig) seien auf der reellen Zahlengeraden E definiert und meßbar im Sinne von Lebesgue. Das Lebesguesche Maß bezeichnen wir mit m bzw. meas. Die vorkommenden Integrale sind bis auf einige wenige Riemann-Integrale immer als Lebesgue- oder Lebesgue-Stieltjes-Integrale zu verstehen; welcher Integrationsbegriff jeweils gemeint ist, ist aus dem Zusammenhang zu erkennen. Unter PV (= principal value) verstehen wir den Cauchyschen Hauptwert an der Singularitätsstelle des Integranden. Einige Sätze der Integrationstheorie und der Funktionalanalysis werden als bekannt vorausgesetzt. Konstanten werden i. a. mit C bezeichnet.

Für die späteren Ausführungen erweist es sich als zweckmäßig, Schreibweisen für gewisse Differenzen von f einzuführen. So definieren wir die erste Rechtsdifferenz durch

$$\Delta_h f(x) = f(x+h) - f(x)$$

und iterativ die n-te Rechtsdifferenz durch

$$\Delta_h^n f(x) = \Delta_h(\Delta_h^{n-1} f)(x) = \sum_{k=0}^n (-1)^k \binom{n}{k} f(x + (n-k)h),$$

die 2 n-te zentrale Differenz durch

$$\bar{\Delta}_h^{2n} f(x) = \sum_{k=0}^{2n} (-1)^k \binom{2n}{k} f(x + (n-k)h)$$

und hiervon abweichend die erste zentrale Differenz durch

$$\bar{\Delta}_h f(x) = f(x+h) - f(x-h).$$

Ist $\alpha > 0$, so bezeichnen wir mit $[\alpha]$ die größte ganze Zahl kleiner gleich α. Nun führen wir gewisse Klassen von Funktionen ein. Unter $\mathbf{C}(I)$ verstehen wir die Menge der stetigen Funktionen f, die auf der Menge $I \subseteq E$ definiert sind. Ist $I = E$ und verschwinden diese Funktionen im Unendlichen, so gehören sie dem Raum $\mathbf{C_0}(E)$ an; werden sie außerhalb eines Kompaktums Null, so sind sie Elemente von $\mathbf{C_{00}}(E)$. Die Menge der Funktionen, die auf E absolut stetig sind, bezeichnen wir mit $\mathbf{AC}(E)$. Diese Bezeichnungsweise behalten wir auch im Falle $p = 1$ bei, obwohl es sich dann nur um eine lokale absolute Stetigkeit handelt. Gewisse Teilmengen von $\mathbf{C}(I)$ sind die sogenannten Lipschitzklassen. Wir sagen $f \in \mathrm{Lip}\,\alpha$, $0 < \alpha \leq 1$, auf I genau dann, wenn

$$\sup_{|x'-x''|<\delta} |f(x') - f(x'')| = O(\delta^\alpha) \qquad (x', x'' \in I;\ \delta \to 0).$$

Unter $\mathbf{L}^p(E)$, $1 \leq p < \infty$, verstehen wir die Klasse der auf E zur p-ten Potenz absolut integrierbaren Funktionen f. $\mathbf{L}^p(E)$ wird durch die Norm

$$\|f\|_p = \|f(\cdot)\|_p = \{ \int_{-\infty}^{\infty} |f(x)|^p dx \}^{1/p}$$

zum Banachraum. Es ist bekannt, daß der Raum $\mathbf{C_{00}}(E)$ dicht im Raume $\mathbf{L}^p(E)$ liegt, d. h. zu jedem $f \in \mathbf{L}^p(E)$ existiert eine Folge $\{\varphi_k\} \in \mathbf{C_{00}}(E)$ mit $\lim_{k \to \infty} \|f - \varphi_k\|_p = 0$.

Außerdem läßt sich die Folge so wählen, daß $\lim_{k \to \infty} \varphi_k(x) = f(x)$ f.ü. gilt.

Nun definiert man verallgemeinerte Lipschitzklassen durch:

Es ist $f \in \mathrm{Lip}\,(\alpha, p)$, $0 < \alpha \leq 1$, genau dann, wenn $\sup_{|h| \leq \delta} \|\Delta_h f\|_p = O(\delta^\alpha)$ *für* $\delta \to 0$,

bzw. $f \in \mathrm{Lip}^*(\alpha, p)$, $0 < \alpha \leq 2$, genau dann, wenn $\sup_{|h| \leq \delta} \|\Delta_h^2 f\|_p = O(\delta^\alpha)$ *für* $\delta \to 0$ *gilt,*

$p \geq 1$.

$\mathbf{L}^\infty(E)$ sei die Menge der auf E wesentlich beschränkten Funktionen. Die $\mathbf{L}^\infty$-Norm wird definiert durch

$$\|f\|_\infty = \|f(\cdot)\|_\infty = \operatorname*{ess\,sup}_{x \in E} |f(x)|.$$

$\mathbf{NBV}(E)$ kennzeichnet die Klasse der Funktionen μ von beschränkter Variation auf E, die normalisiert sind:

$$\lim_{x \to -\infty} \mu(x) = \mu(-\infty) = 0 \text{ und } \mu(x) = \tfrac{1}{2}\{\mu(x+0) + \mu(x-0)\}, \ x \in E.$$

$\mathbf{NBV}(E)$ wird mit der totalen Variation als Norm

$$\|\mu\|_{\mathbf{NBV}} = [\operatorname{Var}\mu]_{-\infty}^{\infty} = \int_{-\infty}^{\infty} |d\mu(x)|$$

zum Banachraum.

Hier nicht definierte Begriffe werden später im Zusammenhang erklärt.

Kapitel 1

Grundlegende Sätze über die Fouriertransformation

Im folgenden werden die Definitionen, Eigenschaften und Sätze über die Fouriertransformation zusammengestellt, die später bei der Fouriertransformationsmethode benutzt werden; nur diejenigen werden bewiesen, die schwer zugänglich sind oder für die keine explizite Literatur angegeben werden kann. Die im ersten Teil ohne Literaturangabe aufgeführten Ergebnisse lassen sich leicht Lehrbüchern der Fourieranalysis entnehmen, wie z. B. S. Bochner – K. Chandrasekharan [1], P. L. Butzer – R. J. Nessel [1], R. R. Goldberg [1], E. C. Titchmarsh [1] und A. Zygmund [1].

1.1 Eigenschaften der Fouriertransformation

Ist ein $\mu \in \mathsf{NBV}(E)$ gegeben, so definiert man als Fourier-Stieltjestransformierte von μ

$$(1.01) \qquad \mathfrak{FS}[\mu](v) \equiv [\mu]^{\vee}(v) \equiv \mu^{\vee}(v) = \left(1/\sqrt{2\pi}\right) \int_{-\infty}^{\infty} e^{-ivx} \, d\mu(x).$$

Ist μ absolut stetig, so existiert $\mu'(x) = f(x) \in \mathsf{L}^1(E)$, und es gilt für diesen Sonderfall

$$(1.02) \qquad \mathfrak{F}[f](v) \equiv [f]^{\wedge}(v) \equiv f^{\wedge}(v)$$
$$= \left(1/\sqrt{2\pi}\right) \int_{-\infty}^{\infty} f(x) \, e^{-ivx} \, dx = \left(1/\sqrt{2\pi}\right) \int_{-\infty}^{\infty} e^{-ivx} \, d\mu(x) = \mathfrak{FS}[\mu](v).$$

$\mu^{\vee}(v), f^{\wedge}(v)$ existieren für alle v, sind gleichmäßig stetig und beschränkt. Einige weitere Eigenschaften der Transformation (1.02) sind

$$(1.03) \qquad [\bar{f}]^{\wedge}(v) = \overline{f^{\wedge}(-v)}$$

$$(1.04) \qquad [nf(nx)]^{\wedge}(v) = f^{\wedge}(v/n),$$

wobei $\bar{f}$ die zu f konjugiert komplexe Funktion bedeutet. Insbesondere läßt sich für L^1-Funktionen das Lemma von Riemann-Lebesgue beweisen.

Lemma 1.1 *Ist $f \in \mathsf{L}^1(E)$, so gilt*

$$\lim_{v \to \pm \infty} f^{\wedge}(v) = \lim_{v \to \pm \infty} \left(1/\sqrt{2\pi}\right) \int_{-\infty}^{\infty} f(x) \, e^{-ivx} \, dx = 0.$$

Zur Veranschaulichung dieser Eigenschaften seien die Transformierten einiger, aus der Approximationstheorie bekannter Funktionen angegeben, und zwar nacheinander die Transformierten der Kerne von Abel-Poisson, Fejér und Jackson – de La Vallée Poussin:

$$(1.05) \qquad \left[\frac{1}{\pi}(1 + x^2)^{-1}\right]^{\wedge}(v) = \left(1/\sqrt{2\pi}\right) e^{-|v|};$$

$$(1.06) \qquad \left[\frac{2}{\pi}(x^{-1} \sin x/2)^2\right]^{\wedge}(v) = \left(1/\sqrt{2\pi}\right) \begin{cases} 1 - |v| & (|v| \leq 1) \\ 0 & (|v| > 1); \end{cases}$$

$$(1.07) \qquad \left[\frac{12}{\pi}(x^{-1} \sin x/2)^4\right]^{\wedge}(v) = \left(1/\sqrt{2\pi}\right) \begin{cases} 1 - (3/2)|v|^2 + (3/4)|v|^3 & (|v| \leq 1) \\ (1/4)(2 - |v|)^3 & (1 \leq |v| \leq 2) \\ 0 & (|v| \geq 2). \end{cases}$$

Im folgenden wird unter $\chi^{\wedge}(v)$ irgendeine dieser drei Transformierten verstanden.

Ist nun $f \in L^p(E)$, $1 < p \leq 2$, so weiß man nichts über die Existenz des Integrals (1.02). Es ist aber sinnvoll

$$\hat{f_{A,B}}(v) = \left(1/\sqrt{2\pi}\right) \int_A^B f(x)e^{-ivx}dx \qquad (A < B),$$

zu betrachten, da nach der Hölder-Ungleichung f auf jedem endlichen Intervall $[A, B] \subset E$ absolut integrierbar ist. Für $f \in L^p(E)$, $1 < p \leq 2$, definiert man daher als Fouriertransformierte den Grenzwert, soweit er existiert,

$$\mathfrak{F}_p[f](v) = \mathop{\text{l.i.m.}}_{\substack{A \to -\infty \\ B \to +\infty}}^{(p')} \hat{f_{A,B}}(v) \qquad (1/p + 1/p' = 1),$$

d. h. die Funktion $\mathfrak{F}_p[f]$, für die gilt

$$\lim_{\substack{A \to -\infty \\ B \to +\infty}} \|\hat{f_{A,B}} - \mathfrak{F}_p[f]\|_{p'} = 0.$$

Da die Fouriertransformation konsistent ist, d. h. falls $f \in L^p \cap L^1(E)$, so $f^{\wedge}(v) = \mathfrak{F}_p[f](v)$ f.ü., bezeichnet man einheitlich auch die Fouriertransformierte von $f \in L^p(E)$, $1 < p \leq 2$, mit $f^{\wedge}$ und definiert

$$(1.08) \qquad \mathfrak{F}_p[f](v) \equiv [f]^{\wedge}(v) \equiv f^{\wedge}(v) = \mathop{\text{l.i.m.}}_{\substack{A \to -\infty \\ B \to +\infty}}^{(p')} \left(1/\sqrt{2\pi}\right) \int_A^B f(x)e^{-ivx}dx.$$

Das folgende Lemma sichert die Existenz einer solchen Funktion $f^{\wedge} \in L^{p'}(E)$ und gibt einige Eigenschaften dieser Transformation an.

Lemma 1.2 *Sei $f \in L^p(E)$, $1 < p \leq 2$. Dann existiert eine Funktion $f^{\wedge} \in L^{p'}(E)$, die Fouriertransformierte von f, mit*

$$(1.09) \qquad f^{\wedge}(v) = \mathop{\text{l.i.m.}}_{\substack{A \to -\infty \\ B \to +\infty}}^{(p')} \left(1/\sqrt{2\pi}\right) \int_A^B f(x)e^{-ivx}dx,$$

$$(1.10) \qquad f(x) = \mathop{\text{l.i.m.}}_{\substack{A \to -\infty \\ B \to +\infty}}^{(p')} \left(1/\sqrt{2\pi}\right) \int_A^B f^{\wedge}(v)e^{ixv}dv.$$

Sie erfüllt die Titchmarsh-Ungleichung

$$(1.11) \qquad \|f^{\wedge}\|_{p'} \leq \|f\|_p$$

und genügt den Gleichungen

$$(1.12) \qquad f^{\wedge}(v) = \frac{d}{dv}\left\{\frac{1}{\sqrt{2\pi}} \int_{-\infty}^{\infty} \frac{e^{-ivx}-1}{-ix} f(x)\, dx\right\} \quad f.\ddot{u}.$$

$$(1.13) \qquad f(x) = \frac{d}{dx}\left\{\frac{1}{\sqrt{2\pi}} \int_{-\infty}^{\infty} \frac{e^{ixv}-1}{iv} f^{\wedge}(v)\, dv\right\} \quad f.\ddot{u}.$$

Für $1 < p \leq 2$ ist die Frage nach dem Umkehroperator durch das letzte Lemma gelöst. Der Operator $\mathfrak{F}_p^{-1}$ hat nach Lemma 1.2 die gleiche Struktur wie der Operator $\mathfrak{F}_p$. Das Umkehrproblem für die L^1-Funktionen kann mit den in (1.05), (1.06) und (1.07) eingeführten, transformierten Kernen gelöst werden. Dies geschieht in folgendem Lemma, in dem Formel (1.04) benutzt wird.

Lemma 1.3 *Ist* $f \in L^p(E)$, $1 \leqq p \leqq 2$, *und*

$$f_n(x) = \int\limits_{-\infty}^{\infty} \chi^{\widehat{}}(v/n)\, f^{\widehat{}}(v)\, e^{ixv}\, dv\,,$$

so folgt

(1.14) $\qquad \|f_n\|_p \leqq \|f\|_p\,,$

(1.15) $\qquad \lim\limits_{n \to \infty} \|f_n - f\|_p = 0\,,$

(1.16) $\qquad \lim\limits_{n \to \infty} f_n(x) = f(x) \quad f.\ddot{u}.$

Unter der zusätzlichen Voraussetzung $f^{\widehat{}} \in L^1(E)$ folgt die einfache Umkehrformel

(1.17) $\qquad f(x) = \left(1/\sqrt{2\,\pi}\,\right) \int\limits_{-\infty}^{\infty} f^{\widehat{}}(v)\, e^{ixv}\, dv \quad f.\ddot{u}.$

für alle $f \in L^p(E)$, $1 \leqq p \leqq 2$.

Aus den Lemmata 1.2 und 1.3 ist ersichtlich, daß $f_1 = f_2$ genau dann, wenn $f_1^{\widehat{}} = f_2^{\widehat{}}$ gilt.

Die in (1.01), (1.02) und (1.08) erklärten Transformationen besitzen einige einfache Eigenschaften. Da (a, b skalar)

$$\mathfrak{FS}[a\mu + bv](v) = a\,\mathfrak{FS}[\mu](v) + b\,\mathfrak{FS}[v](v)$$

$$\mathfrak{F}_p[af + bg](v) = a\,\mathfrak{F}_p[f](v) + b\,\mathfrak{F}_p[g](v)\,,$$

sind es lineare Transformationen. Also ist $\mathfrak{F}_p$ ein linearer, beschränkter Operator: $L^p \to L^{p'}$, $1 < p \leqq 2$, $L^1 \to C_0$, $p = 1$, ebenso $\mathfrak{FS}: NBV \to C$.

Eine Translation von f um h bewirkt eine Multiplikation von $f^{\widehat{}}$ mit dem Faktor e^{ihv}:

(1.18)
$$[\mu(\cdot \pm h)]^{\widecheck{}}(v) = e^{\pm ihv}\mu^{\widecheck{}}(v)\,,$$
$$[f(\cdot \pm h)]^{\widehat{}}(v) = e^{\pm ihv}f^{\widehat{}}(v)\,.$$

Eine ähnliche Auflösung gestattet das Faltungsprodukt, das sich im fouriertransformierten Raum als punktweises Produkt darstellt. Das folgende Lemma definiert die Faltung, liefert Abschätzungen für ihre Norm und gibt die Darstellung ihrer Fouriertransformierten.

Lemma 1.4 *Sei* $g \in L^1(E)$ *und* $\mu \in NBV(E)$ *oder* $f \in L^p(E)$, $1 \leqq p \leqq 2$. *Die Faltungsprodukte*

$$g * \mu(x) = \left(1/\sqrt{2\,\pi}\,\right) \int\limits_{-\infty}^{\infty} g(x - y)\, d\mu(y)$$

bzw.

$$g * f(x) = \left(1/\sqrt{2\,\pi}\,\right) \int\limits_{-\infty}^{\infty} g(x - y)f(y)\, dy$$

existieren für fast alle $x \in E$, *und es gilt*

$$\|g * \mu\|_1 \leqq \left(1/\sqrt{2\,\pi}\,\right) \|g\|_1 \cdot \|\mu\|_{NBV}\,,$$

bzw.

$$\|g * f\|_p \leqq \left(1/\sqrt{2\,\pi}\,\right) \|g\|_1 \cdot \|f\|_p\,;$$

$$[g * \mu]^{\widehat{}}(v) = g^{\widehat{}}(v)\, \mu^{\widecheck{}}(v)\,,$$

bzw.

$$[g * f]^{\widehat{}}(v) = g^{\widehat{}}(v)f^{\widehat{}}(v) \quad f.\ddot{u}.$$

Gibt man beliebige Funktionen $g_i \in L^1(E)$ vor, $1 \leq i \leq n$ (n natürliche Zahl), so läßt sich induktiv ein n-faches Faltungsprodukt erklären durch

$$\mu_1(x) = g_1 * \mu(x) \qquad\qquad f_1(x) = g_1 * f(x)$$
$$\mu_n(x) = g_n * \mu_{n-1}(x) \qquad\qquad f_n(x) = g_n * f_{n-1}(x).$$

Damit lautet die Verallgemeinerung von Lemma 1.4:

Lemma 1.5 *Sei $g_i \in L^1(E)$, $1 \leq i \leq n$, $\mu \in NBV(E)$ oder $f \in L^p(E)$, $1 \leq p \leq 2$. So existieren $\mu_n(x)$ und $f_n(x)$ für fast alle x, und es gilt*

$$\|\mu_n\|_1 \leq (2\pi)^{-n/2} \prod_{i=1}^{n} \|g_i\|_1 \|\mu\|_{NBV},$$

bzw.

$$\|f_n\|_p \leq (2\pi)^{-n/2} \prod_{i=1}^{n} \|g_i\|_1 \|f\|_p;$$

$$\widehat{\mu_n}(v) = \prod_{i=1}^{n} \widehat{g_i}(v)\, \check{\mu}(v),$$

bzw.

$$\widehat{f_n}(v) = \prod_{i=1}^{n} \widehat{g_i}(v)\, \widehat{f}(v) \quad f.\ddot{u}.$$

Soweit die Aussagen der beiden letzten Lemmata nicht die Fouriertransformierten betreffen, gelten sie ebenfalls für $p > 2$. Das Lemma 1.4 läßt sich auch auf andere Art verallgemeinern:

Lemma 1.6 *Seien $p, q, r > 0$ derart, daß $p \geq 1$, $q \geq 1$ und $1/p + 1/q - 1 = 1/r > 0$. Wählt man $f \in L^p(E)$, $g \in L^q(E)$, so existiert $f * g(x)$ f.ü. und $\|f * g\|_r \leq \|f\|_p \|g\|_q$.*

Das nachfolgende Lemma wird häufig als Parseval-Formel zitiert werden.

Lemma 1.7 *Ist $g_1 \in L^1(E)$ und $\mu \in NBV(E)$, oder $f, g_2 \in L^p(E)$, $1 \leq p \leq 2$, so folgt*

$$(1.19) \qquad \int_{-\infty}^{\infty} \check{\mu}(v)\, g_1(v)\, dv = \int_{-\infty}^{\infty} \widehat{g_1}(x)\, d\mu(x),$$

$$\int_{-\infty}^{\infty} \widehat{f}(v)\, g_2(v)\, dv = \int_{-\infty}^{\infty} f(x)\, \widehat{g_2}(x)\, dx.$$

1.2 Der Darstellungssatz von H. Cramér und Lipschitzklassen

Für die spezielle Funktionsklasse $B = \{\varphi; \varphi, \widehat{\varphi} \in L^1 \cap C_0(E)\}$ gibt u. a. H. Buchwalter [1] eine Verschärfung des Lemmas 1.7 an.

Lemma 1.8 *Ist $\varphi \in B$, $\mu \in NBV(E)$ oder $f \in L^p(E)$, $1 \leq p \leq 2$, so gelten die Relationen*

$$\int_{-\infty}^{\infty} \overline{\varphi(x)}\, d\mu(x) = \int_{-\infty}^{\infty} \overline{\widehat{\varphi}(v)}\, \check{\mu}(v)\, dv,$$

$$\int_{-\infty}^{\infty} \overline{\varphi(x)}\, f(x)\, dx = \int_{-\infty}^{\infty} \overline{\widehat{\varphi}(v)}\, \widehat{f}(v)\, dv.$$

Zum Beweise setze man $\varphi^+(x) = \overline{\varphi(-x)}$. Da $f \in L^p(E)$, $\varphi^+ \in L^1(E)$, folgt mit dem Faltungssatz 1.4, daß $f * \varphi^+ \in L^p(E)$ und $[f * \varphi^+]\,\widehat{}\,(v) = \widehat{f}(v) \cdot \overline{\widehat{\varphi}(v)}$ f.ü. Nun ist nach der Hölder-Ungleichung $\widehat{f}(v)\, \overline{\widehat{\varphi}(v)} \in L^1(E)$, da $\widehat{f} \in L^{p'}(E)$ und $\overline{\widehat{\varphi}} \in L^p(E)$.

Also ist $\int\limits_{-\infty}^{\infty} \overline{\varphi^{\hat{}}(v)}\, f^{\hat{}}(v)\, e^{ixv}\, dv \in \mathbf{C}_0(E)$, und nach (1.17) gilt die Gleichung

$$\left(1/\sqrt{2\pi}\,\right)\ \int\limits_{-\infty}^{\infty} \overline{\varphi^{\hat{}}(v)}\, f^{\hat{}}\,(v)\, e^{ixv}\, dv = f * \varphi^{+}(x)$$

für alle x, da wegen $\varphi^{+} \in \mathbf{L}^{p'}\ f * \varphi^{+} \in \mathbf{C}_0(E)$ nach der Hölderschen Ungleichung. Gleiche Argumente gelten, wenn f durch $\mu \in \mathbf{NBV}(E)$ ersetzt wird. Für $x = 0$ folgt dann die Behauptung.

Mit diesem Lemma und den Darstellungssätzen von F. Riesz für beschränkte lineare Funktionale ergibt sich eine Verfeinerung des Darstellungssatzes von H. Cramér [1] und seine Verallgemeinerung auf $\mathbf{L}^p$-Funktionen von J. L. B. Cooper [2].

Lemma 1.9[1] *Sei* $\chi^{\hat{}}$ *eine der in* (1.05), (1.06), (1.07) *aufgeführten Transformierten und* f *eine meßbare Funktion, so daß* $\chi^{\hat{}}(v/n)\, f(v) \in \mathbf{L}^1(E)$. *Es gilt*

$$\|\int\limits_{-\infty}^{\infty} \chi^{\hat{}}(v/n)\, f(v)\, e^{ixv}\, dv\|_p = O(1) \qquad (1 \leq p \leq 2;\ n \to \infty)$$

genau dann, wenn

i) *für* $p = 1$ *ein* $\mu \in \mathbf{NBV}(E)$ *existiert mit*

$$f(v) = \left(1/\sqrt{2\pi}\,\right)\ \int\limits_{-\infty}^{\infty} e^{-ivx}\, d\mu(x) \quad f.\ddot{u}.$$

ii) *für* $1 < p \leq 2$ *ein* $g \in \mathbf{L}^p(E)$ *existiert mit*

$$f(v) = \underset{N \to \infty}{\operatorname{l.i.m.}}\ \overset{(p')}{\left(1/\sqrt{2\pi}\,\right)}\ \int\limits_{-N}^{N} g(x)\, e^{-ixv}\, dx \quad f.\ddot{u}.$$

Ist zunächst $f(v) = \mathfrak{FS}\,[\mu]\,(v)$, so ist nach der Parseval-Formel 1.7 und dem Faltungssatz 1.4 unter Beachtung von $[\chi^{\hat{}}(v/n)]^{\hat{}}\,(y) = n\chi(ny)$ und $\|n\chi(ny)\|_1 = 1$

$$\|\int\limits_{-\infty}^{\infty} \chi^{\hat{}}(v/n)\, f(v)\, e^{ixv}\, dv\|_1 = \|\int\limits_{-\infty}^{\infty} n\chi(ny)\, d\mu(x+y)\|_1$$

$$\leq (2\pi)^{-1/2}\, \|\mu\|_{\mathbf{NBV}} = O(1).$$

Ist $g \in \mathbf{L}^p(E)$, $1 < p \leq 2$, so ist wegen $f(v) = g^{\hat{}}(v)\, f.\ddot{u}.$ die Behauptung genau die Aussage (1.14).

Die Umkehrung ist nicht so einfach.

Nach Voraussetzung ist $g_n(x) = \int\limits_{-\infty}^{\infty} \chi^{\hat{}}(v/n)\, f(v)\, e^{ixv}\, dv \in \mathbf{L}^p(E)$ und $\chi^{\hat{}}(v/n)\, f(v) \in \mathbf{L}^1(E)$ für jedes feste $n > 0$. Nach Lemma 1.8 gilt für jedes $\varphi \in \mathbf{B}$

$$\int\limits_{-\infty}^{\infty} \chi^{\hat{}}(v/n)\, f(v)\, \overline{\varphi(v)}\, dv = \int\limits_{-\infty}^{\infty} [\chi^{\hat{}}(v/n)\, f(v)]^{\hat{}}\,(x)\, \overline{\varphi^{\hat{}}(x)}\, dx$$

$$(1.20)$$

$$= \int\limits_{-\infty}^{\infty} g_n(-x)\, \overline{\varphi^{\hat{}}(x)}\, dx = \int\limits_{-\infty}^{\infty} \widehat{g_n}(-v)\, \overline{\varphi(-v)}\, dv = \int\limits_{-\infty}^{\infty} \widehat{g_n}(v)\, \overline{\varphi(v)}\, dv.$$

Da $\varphi \in \mathbf{B}$ dicht in $\mathbf{C}_0(E)$ und $\mathbf{L}^p(E)$, $p \geq 1$, liegt, ist nach den Darstellungssätzen von F. Riesz

$$(1.21) \qquad \widehat{g_n}(v) = \chi^{\hat{}}(v/n)\, f(v) \quad f.\ddot{u}.$$

---

[1] Die Beweise der Lemmata 1.8 und 1.9 sind einer Ausarbeitung von Herrn H. Johnen entnommen.

Mit dem Lemma von Fatou, der Titchmarsh-Ungleichung (1.11) und der Normvoraussetzung folgt wegen $\lim\limits_{n \to \infty} \chi^{\widehat{}}\,(v/n)\,f(v) = \left(1/\sqrt{2\,\pi}\,\right) f(v)$

$$\left(1/\sqrt{2\,\pi}\,\right) \|f\|_{p'} \leqq \lim_{n \to \infty} \inf \|\widehat{g_n}\|_{p'} \leqq \lim_{n \to \infty} \inf \|g_n\|_p = O(1),$$

d. h. $f \in \mathsf{L}^{p'}(E)$. Aus (1.20) folgt mit Hilfe der Hölder-Ungleichung und der Voraussetzung $\|g_n\|_p = O(1)$

$$\left| \int\limits_{-\infty}^{\infty} \chi^{\widehat{}}\,(v/n)\,f(v)\,\overline{\varphi(v)}\,dv \right| \leqq M\,\|\overline{\varphi^{\widehat{}}}\|_{p'}$$

für alle $\varphi \in \mathsf{B}$ und gleichmäßig in $n > 0$. Mit dem Lebesgue'schen Majorantenkriterium folgt unmittelbar

$$\left| \int\limits_{-\infty}^{\infty} f(v)\,\overline{\varphi(v)}\,dv \right| \leqq M\,\|\overline{\varphi^{\widehat{}}}\|_{p'}$$

für alle $\varphi \in \mathsf{B}$. Es liegt also ein auf der linearen Mannigfaltigkeit B von $\mathsf{C}_0(E)$ bzw. $\mathsf{L}^{p'}(E)$ definiertes, lineares, stetiges Funktional vor. Nach dem Satz von Hahn-Banach läßt es sich so fortsetzen, daß es auf ganz $\mathsf{L}^{p'}(E)$ bzw. $\mathsf{C}_0(E)$ definiert ist. Nach den Darstellungssätzen von F. Riesz existieren Funktionen $g \in \mathsf{L}^p(E)$, $1 < p \leqq 2$, bzw. $\mu \in \mathsf{NBV}(E)$ mit

$$\int\limits_{-\infty}^{\infty} \overline{\varphi(v)}\,f(v)\,dv = \begin{cases} \displaystyle\int\limits_{-\infty}^{\infty} \overline{\varphi^{\widehat{}}\,(x)}\,d\mu(-x) & (p = 1) \\[2ex] \displaystyle\int\limits_{-\infty}^{\infty} \overline{\varphi^{\widehat{}}\,(x)}\,g(-x)\,dx & (1 < p \leqq 2). \end{cases}$$

(Die unkonventionelle Klammerschreibweise erklärt sich hier und im folgenden von selbst.) Mit dem Lemma 1.8 ergibt sich dann

$$\int\limits_{-\infty}^{\infty} \overline{\varphi(v)}\,f(v)\,dv = \begin{cases} \displaystyle\int\limits_{-\infty}^{\infty} \overline{\varphi(v)}\,\mu^{\vee}(v)\,dv & (p = 1) \\[2ex] \displaystyle\int\limits_{-\infty}^{\infty} \overline{\varphi(v)}\,g^{\widehat{}}\,(v)\,dv & (1 < p \leqq 2) \end{cases}$$

und hieraus, da B dicht in $\mathsf{C}_0(E)$ und $\mathsf{L}^p(E)$, $1 \leqq p < \infty$, liegt, die Behauptung

$$f(v) = \begin{cases} \mu^{\vee}(v) & f.\ddot{u}. & (p = 1) \\[1ex] g^{\widehat{}}\,(v) & f.\ddot{u}. & (1 < p \leqq 2). \end{cases}$$

Wie in der Einleitung angedeutet wurde, spielen die Mengen V_α^p und $\mathsf{V}^{\sim p}_\alpha$ eine bedeutende Rolle. Wir betrachten hier gewisse Teilmengen dieser Räume, deren Vereinigung sich für $\alpha > 0$ darstellen läßt durch

$$\left\{ f \in \mathsf{L}^p(E);\ |v|^\alpha f^{\widehat{}}\,(v) = \begin{cases} \mu^{\vee}(v) & \text{mit } \mu \in \mathsf{NBV}(E),\ p = 1 \\ g^{\widehat{}}\,(v) & \text{mit } g \in \mathsf{L}^p(E),\quad 1 < p \leqq 2 \end{cases} \right\}.$$

Um einige interessante Eigenschaften dieser Funktionsmenge zeigen zu können, benötigen wir Hilfsergebnisse aus der Halbgruppentheorie und der Fourieranalysis. Man entnimmt dem Satz 4.1.2 aus P. L. Butzer – H. Berens [1] das folgende

Lemma 1.10 *Ist $f \in \mathsf{L}^p(E)$, $1 \leq p \leq 2$, n eine ganze Zahl mit $0 < \alpha < n$ und*

$$\|\Delta_h^n f\|_p = O(|h|^\alpha) \qquad (h \to 0),$$

so sind $f, \dots, f^{(k-1)} \in \mathsf{AC}(E)$, $f^{(k)} \in \mathsf{L}^p(E)$ ($k < \alpha$, $k = 1, 2, \dots$) und

i) *falls $0 < \alpha - k < 1 : f^{(k)} \in \mathrm{Lip}\,(\alpha - k, p)$,*
ii) *falls $\alpha - k = 1 : f^{(k)} \in \mathrm{Lip}^*\,(1, p)$.*

Außerdem ist in H. Berens – E. Görlich [1] nachfolgendes Lemma über die Approximationsordnung für die typischen Mittel enthalten.

Lemma 1.11 *Sei $f \in \mathsf{L}^p(E)$, $1 \leq p \leq 2$, und $\alpha > 0$. Es gilt*

$$\left\| \int_{-\infty}^{\infty} \chi^{\,\widehat{}}\,(v/n)\,|v|^\alpha f^{\,\widehat{}}\,(v)\,e^{ixv}\,dv \right\|_p = O(1)$$

gleichmäßig in $n > 0$ genau dann, wenn

$$\left\| f(x) - \left(1/\sqrt{2\pi}\right) \int_{-N}^{N} \left(1 - (|v|/N)^\alpha\right) f^{\,\widehat{}}\,(v)\,e^{ixv}\,dv \right\|_p = O(N^{-\alpha})$$

für $N \to \infty$.

Hiermit sind alle Hilfsmittel für den folgenden Satz bereitgestellt.

Satz 1.12   *Aus $f \in \mathsf{L}^p(E)$, $1 \leq p \leq 2$, und*

$$\left\| \int_{-\infty}^{\infty} \chi^{\,\widehat{}}\,(v/N)\,|v|^\alpha f^{\,\widehat{}}\,(v)\,e^{ixv}\,dv \right\|_p = O(1)$$

gleichmäßig in $N > 0$ folgt für $k < \alpha$:

$$f, \dots, f^{(k-1)} \in \mathsf{AC}(E),\ f^{(k)} \in \mathsf{L}^p(E)$$

und

i) *falls $0 < \alpha - k < 1 : f^{(k)} \in \mathrm{Lip}\,(\alpha - k, p)$,*
ii) *falls $\alpha - k = 1 : f^{(k)} \in \mathrm{Lip}^*\,(1, p)$.*

Wie aus Lemma 1.10 zu ersehen ist, braucht nur für die n-te Differenz, $0 < \alpha < n$, gezeigt zu werden, daß $\|\Delta_h^n f\|_p = O(|h|^\alpha)$ ist. Wir führen dies für die $2\,k_0$-te zentrale Differenz durch, wo $0 < \alpha < 2\,k_0$ gewählt ist.

Gibt man nun ein f obiger Klasse vor, so folgt nach Lemma 1.11 für die $2\,k_0$-te zentrale Differenz von f mit Hilfe von (1.18) für $1 \leq p \leq 2$

$$\|\bar{\Delta}_h^{2k_0} f\|_p$$

$$\leq \left(1/\sqrt{2\pi}\right) \left\| \int_{-N}^{N} \left(1 - (|v|/N)^\alpha\right) f^{\,\widehat{}}\,(v) \sum_{k=0}^{2k_0} (-1)^k \binom{2\,k_0}{k} e^{iv(k_0 - k)h}\,e^{ixv}\,dv \right\|_p + O(N^{-\alpha})$$

$$= \left(1/\sqrt{2\pi}\right) \left\| \int_{-N}^{N} \left(1 - (|v|/N)^\alpha\right) f^{\,\widehat{}}\,(v) \cdot \left(e^{i\frac{h}{2}v} - e^{-i\frac{h}{2}v}\right)^{2k_0} e^{ixv}\,dv \right\|_p + O(N^{-\alpha})$$

$$= \left(2^{2k_0}/\sqrt{2\pi}\right) \left\| \int_{-N}^{N} \left(1 - (|v|/N)^\alpha\right) f^{\,\widehat{}}\,(v) \sin^{2k_0} \frac{hv}{2}\,e^{ixv}\,dv \right\|_p + O(N^{-\alpha}).$$

Da die linke Seite von N unabhängig ist, darf für $h \to 0 +$ ($h > 0$ o.B.d.A.) N mit h mittels $N = h^{-1}$ gekoppelt werden[2]. Es gilt dann

$$\|\bar{\Delta}_h^{2k_0} f\|_p \leqq \left(2^{2k_0}/\sqrt{2\pi}\,\right) \| \int_{-\infty}^{\infty} H(v, h)\, |v|^{\alpha} f^{\widehat{\ }}(v)\, e^{ixv}\, dv\|_p \cdot h^{\alpha} + O(h^{\alpha}),$$

wo

$$H(v, h) = \frac{\sin^{2k_0} vh/2}{|v|^{\alpha} h^{\alpha}} \begin{cases} 1 - (|v|\, h)^{\alpha} & (|v| \leqq h^{-1}) \\ 0 & (|v| > h^{-1}). \end{cases}$$

Läßt sich zeigen, daß H als Fouriertransformierte eine L^1-Funktion F besitzt, deren Norm unabhängig von h ist, so folgt mit Hilfe der Voraussetzung, der Parseval-Formeln (1.19) und des Faltungssatzes 1.4 die Behauptung

$$\|\bar{\Delta}_h^{2k_0} f\|_p \leqq \left(2^{2k_0}/\sqrt{2\pi}\,\right) \left\| \int_{-\infty}^{\infty} \begin{Bmatrix} \mu^{\,\smile}(v) \\ g^{\,\widehat{\ }}(v) \end{Bmatrix} H(v, h)\, e^{ixv}\, dv \right\|_p h^{\alpha} + O(h^{\alpha})$$

$$\leqq \left(2^{2k_0}/\sqrt{2\pi}\,\right) \cdot h_{\alpha} \begin{cases} \| \int_{-\infty}^{\infty} F(u, h)\, d\mu(u + x)\|_1, & p = 1 \\[2mm] \| \int_{-\infty}^{\infty} F(u, h)\, g(u + x)\, du\|_p, & 1 < p \leqq 2 \end{cases} + O(h^{\alpha})$$

$$\leqq \left(2^{2k_0}/\sqrt{2\pi}\,\right) \begin{cases} \|\mu\|_{\mathsf{NBV}}, & p = 1 \\ \|g\|_p, & 1 < p \leqq 2 \end{cases} \|F\|_1\, h^{\alpha} + O(h^{\alpha}) = O(h^{\alpha})$$

Es bleibt also noch übrig, die Funktion H näher zu untersuchen; dies geschieht mit dem Satz 1 von H. Berens – E. Görlich [1]:

1) *Sei $f(v)$ eine stetige, gerade Funktion auf E, beschränkt im Nullpunkt und $\lim\limits_{v \to \infty} f(v) = 0$.*

2) *Weiter sei $f(v)$ lokal absolut stetig in $(0, \infty)$, $f'(v)$ stückweise stetig mit r Sprungstellen $0 < v_1 < \ldots < v_r < \infty$ und absolut stetig in jedem endlichen, abgeschlossenem Teilintervall von $(0, \infty)$, das keinen dieser Punkte enthält. Ist außerdem 3) $\int_0^{\infty} v |f''(v)|\, dv < \infty$, so ist $f(v)$ darstellbar als Fouriertransformierte einer geraden Funktion $F \in L^1(E)$.*

Nach Verifizierung der Bedingungen ergibt sich

$$[H(hv)]^{\widehat{\ }}(u) = [1/h]\, F(u/h) \qquad (F \in L^1(E)),$$

womit alles bewiesen ist.

---

[2] Diese Koppelung wurde von Herrn Dr. H. Berens in einer Diskussion vorgeschlagen.

Kapitel 2

Ergebnisse aus der Theorie der Hilberttransformation

Die Hilberttransformation H_0 sei durch

$$(2.01) \qquad H_0 f(x) \equiv f^{\sim}(x) = \text{PV} \frac{1}{\pi} \int_{-\infty}^{\infty} \frac{f(t)}{x-t} \, dt$$

$$= \lim_{\varepsilon \to 0+} (1/\pi) \int_{\varepsilon \leq |x-t| \leq 1/\varepsilon} \frac{f(t)}{x-t} \, dt \equiv \lim_{\varepsilon \to 0+} f_\varepsilon^{\sim}(x)$$

für die $x \in E$ erklärt, für die obiger Grenzwert sinnvoll ist. Ist $f \in \mathsf{L}^q(E)$, $q \geq 1$, so ist die Koppelung der oberen und unteren Integrationsgrenze für die Konvergenz des Integrals nicht notwendig, jedoch vereinfacht sie einige der nachfolgenden Rechnungen. In dieser Abhandlung ist die Hilberttransformation u. a. wegen der Signumregel von Bedeutung, die eine Beziehung zwischen der Fouriertransformierten der Hilberttransformierten von f einerseits und der Fouriertransformierten von f andererseits beinhaltet:

$$\mathfrak{F}[H_0 f](v) = (-i \operatorname{sgn} v) \, \mathfrak{F}[f](v).$$

Diese Regel gestattet eine Auflösung der Relation $|v|^\alpha f^{\wedge}(v) = g^{\wedge}(v)$, $\alpha > 0$, die bei der gebrochenen Integration wichtig ist, und ermöglicht so einen Beweis für die Vertauschbarkeit von Hilberttransformation und gebrochener Differentiation.

2.1 Eigenschaften der Hilberttransformation und der Satz von Privalov

Aus der Theorie der Hilberttransformation werden folgende Sätze als bekannt vorausgesetzt. Beweise findet man in den Arbeiten und Büchern von P. L. Butzer – R. J. Nessel [1], A. P. Calderón – A. Zygmund [1], E. Hewitt [1], E. Hille [1], L. H. Loomis [1], M. Riesz [1], E. M. Stein – G. Weiss [1], A. Zygmund [2].

Lemma 2.1 *Ist $f \in \mathsf{L}^q(E)$, $1 \leq q < \infty$, so existiert $H_0 f(x)$ für fast alle $x \in E$ und der Operator H_0 ist vom schwachen Typ $(q; q)$, d. h.*

$$(2.02) \qquad \operatorname{meas} \{x; |H_0 f(x)| > M > 0\} \leq \{(C_q/M)\, \|f\|_q\}^q.$$

Lemma 2.2 *Ist $f \in \mathsf{L}^q(E)$, $1 < q < \infty$, so ist der Operator H_0 vom starken Typ $(q; q)$, d. h.*

$$(2.03) \qquad \|H_0 f\|_q \leq C_q \|f\|_q.$$

Außerdem konvergiert $f_\varepsilon^{\sim}$ in der L^q-Norm gegen $f^{\sim}$, d. h.

$$(2.04) \qquad \lim_{\varepsilon \to 0+} \|f_\varepsilon^{\sim} - f^{\sim}\|_q = 0.$$

Lemma 2.3 *Ist $f \in \mathsf{L}^q(E)$, $1 < q < \infty$, so ist $H_0(H_0 f)(x) = -f(x)$ f. ü. Diese Aussage bleibt im Falle $q = 1$ unter der zusätzlichen Voraussetzung $f^{\sim} \in \mathsf{L}^1(E)$ gültig.*

Lemma 2.4 *Ist $f \in \mathsf{L}^q(E)$, $1 < q < \infty$, und $f, \ldots, f^{(k-1)} \in \mathsf{AC}(E)$ mit $f^{(k)} \in \mathsf{L}^q(E)$, so ist $f^{\sim}, \ldots, (f^{\sim})^{(k-1)} \in \mathsf{AC}(E)$, $(f^{\sim})^{(k)} \in \mathsf{L}^q(E)$ und*

$$(H_0 f)^{(k)}(x) = H_0(f^{(k)})(x) \quad f. ü.$$

Mit diesen Hilfsmitteln läßt sich eine Übertragung des Satzes von Privalov auf L^1-Funktionen und Norm-Lipschitzbedingungen durchführen. Der Satz von Privalov lautet in der Fassung von N. I. Achieser [1; p. 210]:

Liegt eine periodische Funktion $f(x)$ in Lip α, *so gehört auch $f^\sim(x)$ für $0 < \alpha < 1$ zu* Lip α. *Für $\alpha = 1$ besitzt $f^\sim(x)$ einen Stetigkeitsmodul, der $M\delta \log 1/\delta$ nicht übersteigt.*

Die Beweismethode des folgenden Satzes ist für den Fall $0 < \alpha < 1$ von E. C. Titchmarsh [1; p. 145] übernommen, der sie für L^p-Funktionen ($p > 1$), die einer gewöhnlichen Lipschitzbedingung genügen, benutzt, für $\alpha = 1$ von I. I. Ogieveckiĭ – L. G. Boĭcun [1].

Satz 2.5 *Ist $f \in \mathsf{L}^1(E) \cap$ Lip $(\alpha, 1)$, so ist $f^\sim \in$ Lip $(\alpha, 1)$, falls $0 < \alpha < 1$, bzw. $f^\sim \in$ Lip* $(1,1)$, falls $\alpha = 1$.*

Im Beweis wird als Hilfsmittel der hilberttransformierte Abel-Poisson Kern benötigt:

$$\left[\frac{1}{\pi}\,\frac{\delta}{\delta^2 + x^2}\right]^\sim (t) = \frac{1}{\pi}\,\frac{t}{t^2 + \delta^2}\,.$$

Ist nämlich

$$G(x;\delta) = \frac{1}{\pi} \int_{-\infty}^{\infty} \frac{t}{t^2 + \delta^2}\, f(x - t)\, dt \qquad (\delta > 0),$$

so folgt für die Differenz

$$G(x;\delta) - f^\sim(x) = \frac{1}{\pi} \int_{-\infty}^{\infty} \frac{t}{t^2 + \delta^2}\, f(x - t)\, dt - \mathrm{PV}\,\frac{1}{\pi} \int_{-\infty}^{\infty} t^{-1} f(x - t)$$

$$= \frac{\delta^2}{\pi} \int_{0}^{\infty} \frac{1}{t(t^2 + \delta^2)}\,\{f(x - t) - f(x + t)\}\, dt \quad f.\ddot{u}.$$

Da nach Voraussetzung $f \in$ Lip $(\alpha, 1)$ ist, existiert diese Differenz in der L^1-Norm und

$$\|G(\cdot;\delta) - f^\sim(\cdot)\|_1 \leqq \frac{\delta^2}{\pi} \int_{0}^{\infty} t^{-1}(t^2 + \delta^2)^{-1}\,\|f(\cdot - t) - f(\cdot + t)\|_1\, dt$$

$$= O\left(\delta^2 \int_{0}^{\infty} \frac{t^{\alpha - 1}}{t^2 + \delta^2}\, dt\right) = O(\delta^\alpha).$$

Weiterhin ist für $0 < \alpha < 1$

$$\frac{\partial G(x;\delta)}{\partial x} = \frac{1}{\pi} \int_{-\infty}^{\infty} (\delta^2 - t^2)\,(\delta^2 + t^2)^{-2}\, f(x - t)\, dt$$

$$= \frac{1}{\pi} \int_{-\infty}^{\infty} (\delta^2 - t^2)\,(\delta^2 + t^2)^{-2}\,\{f(x - t) - f(x)\}\, dt,$$

$$\left\|\frac{\partial G(x;\delta)}{\partial x}\right\|_1 = O\left(\int_{-\infty}^{\infty} |t|^\alpha\, |\delta^2 - t^2|\,(\delta^2 + t^2)^{-2}\, dt\right)$$

$$= O\left(\delta^{\alpha - 1} \int_{-\infty}^{\infty} |t|^\alpha\, |1 - t^2|\,(1 + t^2)^{-2}\, dt\right) = O(\delta^{\delta - 1}),$$

und es folgt mit Hilfe der gewöhnlichen Minkowski-Ungleichung und des Faltungs-satzes 1.4 [3]

$$\|f^\sim(\cdot+\delta)-f^\sim(\cdot)\|_1 \leqq \|G(\cdot+\delta;\delta)-G(\cdot;\delta)\|_1 + \|G(\cdot;\delta)-f^\sim(\cdot)\|_1$$

$$+ \|G(\cdot+\delta;\delta)-f^\sim(\cdot+\delta)\|_1 = \left\|\int_x^{x+\delta}\frac{\partial}{\partial t}\,G(t;\delta)\,dt\right\|_1 + O(\delta^\alpha)$$

$$= O(\delta^\alpha) + \delta O(\delta^{\alpha-1}) = O(\delta^\alpha).$$

Es bleibt noch der Fall $\alpha=1$ zu zeigen. Wir setzen

$$\|G(\cdot+\delta;\delta)+G(\cdot-\delta;\delta)-2f^\sim(\cdot)\|_1$$

$$= \left\|\mathrm{PV}\,\frac{1}{\pi}\int_{-\infty}^{\infty}\left\{\frac{t+\delta}{(t+\delta)^2+\delta^2}+\frac{t-\delta}{(t-\delta)^2+\delta^2}-\frac{2}{t}\right\}f(\cdot-t)\,dt\right\|_1 = I$$

und erhalten die Abschätzung

$$I = \left\|\frac{-8\,\delta^4}{\pi}\,\mathrm{PV}\int_{-\infty}^{\infty}\frac{f(\cdot-t)}{\{(t+\delta)^2+\delta^2\}\{(t-\delta)^2+\delta^2\}\,t}\,dt\right\|_1$$

$$= \left\|\frac{8}{\pi}\,\mathrm{PV}\int_{-\infty}^{\infty}\frac{f(\cdot-\delta t)}{\{(t+1)^2+1\}\{(t-1)^2+1\}\,t}\,dt\right\|_1$$

$$\leqq \frac{8}{\pi}\int_{-\infty}^{\infty}\frac{\|f(\cdot-\delta t)-f(\cdot+\delta t)\|_1}{\{(t+1)^2+1\}\{(t-1)^2+1\}\,t}\,dt$$

$$= O\left(\delta\int_0^{\infty}\frac{dt}{\{(t+1)^2+1\}\{(t-1)^2+1\}}\right) = O(\delta).$$

Mit Hilfe der Minkowski-Ungleichung folgt

$$\|\bar{\Delta}_\delta^2 f^\sim(\cdot)\|_1 \leqq \|G(\cdot+\delta;\delta)+G(\cdot-\delta;\delta)-2f^\sim(\cdot)\|_1$$

$$+ \|f^\sim(\cdot+\delta)-G(\cdot+\delta;\delta)\|_1 + \|G(\cdot-\delta;\delta)-f^\sim(\cdot-\delta)\|_1 = O(\delta)$$

und damit die Behauptung.

2.2 Die Signumregel und Sätze über Faltung und Hilberttransformation

Als nächstes soll im Raume $\mathrm{L}^2(E)$ die Signumregel bewiesen werden. Für $\varepsilon>0$ stellt der Kern

$$w_\varepsilon(x) = \sqrt{\frac{2}{\pi}}\begin{cases} x^{-1} & (\varepsilon\leqq|x|\leqq 1/\varepsilon) \\ 0 & (sonst) \end{cases}$$

eine L^1-Funktion dar; w_ε besitzt die Fouriertransformierte

$$w_\varepsilon(v) = \sqrt{\frac{2}{\pi}}\,(1/\sqrt{2\pi})\int_{\varepsilon\leqq|x|\leqq 1/\varepsilon}x^{-1}e^{-ivx}\,dx = (-2i/\pi)\int_\varepsilon^{1/\varepsilon}x^{-1}\sin vx\,dx$$

[3] Herr Dr. R. J. Nessel wies darauf hin, daß $\int_x^{x+\delta}\dfrac{\partial}{\partial t}\,G(t;\delta)\,dt$ als Faltung der Funktion

$\dfrac{\partial}{\partial t}\,G(t;\delta)$ mit der charakteristischen Funktion $\chi_{[-\delta;0]}$ des Intervalles $[-\delta,0]$ aufgefaßt werden kann.

und

$$\lim_{\varepsilon \to 0+} w_\varepsilon^{\widehat{}}(v) = (-i \operatorname{sgn} v).$$

Nach dem Faltungssatz 1.4 gilt dann

$$\lim_{\varepsilon \to 0+} \left[(1/\pi) \int_{\varepsilon \le |t| \le 1/\varepsilon} t^{-1} f(x-t)\, dt\right]^{\widehat{}}(v) = \lim_{\varepsilon \to 0+} [w_\varepsilon * f]^{\widehat{}}(v) = (-i \operatorname{sgn} v) f^{\widehat{}}(v) \quad f.\ddot{u}.$$

Mit Hilfe der Titchmarsh-Ungleichung (1.11) und der Relation (2.04) folgt

$$\lim_{\varepsilon \to 0+} \| [w_\varepsilon * f]^{\widehat{}}(\cdot) - [f^{\sim}]^{\widehat{}}(\cdot)\|_2 \le \lim_{\varepsilon \to 0+} \|f_\varepsilon^{\sim}(\cdot) - f^{\sim}(\cdot)\|_2 = 0,$$

und somit (siehe R. R. GOLDBERG [1; p. 4]), falls $f \in \mathsf{L}^2(E)$,

$$(2.05) \qquad [f^{\sim}]^{\widehat{}}(v) = (-i \operatorname{sgn} v) f^{\widehat{}}(v) \quad f.\ddot{u}.$$

Ist $f \in \mathsf{L}^p(E)$, $1 \le p < 2$, so gilt ebenfalls die Signumregel unter der im Falle $p = 1$ zusätzlichen Voraussetzung $f^{\sim} \in \mathsf{L}^1(E)$. Dies läßt sich einfach mit folgendem Ergebnis zeigen, das Prof. G. WEISS uns mitteilte.

Satz 2.6 *Sei $\varphi \in \mathsf{C}_{00}(E)$ und $f \in \mathsf{L}^q(E)$, $1 < q < \infty$. Dann gilt*

$$(2.06) \qquad (f * \varphi)^{\sim}(x) = f^{\sim} * \varphi(x) \quad f.\ddot{u}.$$

Die Aussage bleibt für $q = 1$ gültig, falls zusätzlich $f^{\sim} \in \mathsf{L}^1(E)$ vorausgesetzt wird.

Beweis: Da $\varphi \in \mathsf{C}_{00}(E)$, gilt insbesondere $\varphi \in \mathsf{L}^1 \cap \mathsf{C}_0(E)$. Nach dem Faltungssatz 1.4 existieren $f^{\sim} * \varphi$, $f * \varphi$ für fast alle $x \in E$ und sind in $\mathsf{L}^q(E)$, $1 \le q < \infty$. Nach Lemma 2.1 existiert dann auch $(f * \varphi)^{\sim}(x)$ $f.\ddot{u}.$, d. h. beide Seiten der Relation (2.06) sind sinnvoll. Sei nun $\mathfrak{Z} : \ldots < t_k < t_{k+1} < \ldots$ eine Zerlegung des Intervalls $(-\infty, \infty)$ und

$$\Sigma_3(x) = \left(1/\sqrt{2\pi}\right) \sum_{k=-\infty}^{\infty} f(x - t_k) \int_{t_k}^{t_{k+1}} \varphi(u)\, du.$$

Da $\varphi \in \mathsf{C}_{00}(E)$, ist die Summe endlich. Somit ist Σ_3 für fast alle $x \in E$ definiert und gehört zu $\mathsf{L}^q(E)$. Weiter existiert zu jedem $\varepsilon > 0$ ein $\delta = \delta(\varepsilon) > 0$, so daß gemäß der Stetigkeit von f im q-ten Mittel

$$\|f * \varphi - \Sigma_3\|_q = \left(1/\sqrt{2\pi}\right) \| \int_{-\infty}^{\infty} f(\cdot - u)\, \varphi(u)\, du - \sum_{k=-\infty}^{\infty} f(\cdot - t_k) \int_{t_k}^{t_{k+1}} \varphi(u)\, du\|_q$$

$$= \left(1/\sqrt{2\pi}\right) \| \sum_{k=-\infty}^{\infty} \int_{t_k}^{t_{k+1}} \varphi(u) \{f(\cdot - u) - f(\cdot - t_k)\}\, du\|_q$$

$$\le \left(1/\sqrt{2\pi}\right) \sum_{k=-\infty}^{\infty} \int_{t_k}^{t_{k+1}} |\varphi(u)|\, du\, \|f(\cdot - u) - f(\cdot - t_k)\|_q \le \varepsilon \cdot \|\varphi\|_1$$

für alle Zerlegungen $\mathfrak{Z}$ mit $\|\mathfrak{Z}\| = \sup_k |t_{k+1} - t_k| < \delta$. Also

$$\lim_{\|\mathfrak{Z}\| \to 0} \|f * \varphi(\cdot) - \Sigma_3(\cdot)\|_q = 0.$$

Da Σ_3 durch eine endliche Summe dargestellt wird und die Hilberttransformation linear ist, gilt

$$\Sigma_3^{\sim}(x) = \left(1/\sqrt{2\pi}\right) \sum_{k=-\infty}^{\infty} f^{\sim}(x - t_k) \int_{t_k}^{t_{k+1}} \varphi(u)\, du.$$

Da nun $f^{\sim} \in \mathsf{L}^q(E)$, $1 \leq q < \infty$, nach Voraussetzung, folgt wie für Σ_3

$$\lim_{\|3\| \to 0} \|f^{\sim} * \varphi(\cdot) - \Sigma_3^{\sim}(\cdot)\|_q = 0 .$$

Also existiert eine Teilfolge $\{3_j\}$ derart, daß

$$\lim_{\|3_j\| \to 0} \Sigma_{3_j}^{\sim}(x) = f^{\sim} * \varphi(x) \quad f.\ddot{u}.$$

Die Relation [siehe (2.02)]

$$\mathrm{meas}\ \{x;\ |(f * \varphi)^{\sim}(x) - \Sigma_{3_j}^{\sim}(x)| > M > 0\} \leq \left\{\frac{C_q}{M}\|f * \varphi - \Sigma_{3_j}\|_q\right\}^q ,$$

die für jedes $M > 0$ mit $\|3_j\| \to 0$ gegen Null strebt, besagt, daß $\Sigma_{3_j}^{\sim}(x)$ für $\|3_j\| \to 0$ dem Maße nach gegen $(f * \varphi)^{\sim}(x)$ strebt. Dann existiert (siehe z. B. E. J. McShane [1; p. 163]) eine Teilfolge $\{3_{j_k}\}$ mit

$$(f * \varphi)^{\sim}(x) = \lim_{\|3_{j_k}\| \to 0} \Sigma_{3_{j_k}}^{\sim}(x) = f^{\sim} * \varphi(x) \quad f.\ddot{u}.$$

Die Signumregel, die bisher in der Literatur für den Fall $p = 1$ nicht explizit zu finden ist[4], lautet nun exakt:

Satz 2.7 *Ist* $f \in \mathsf{L}^p(E)$, $1 < p \leq 2$, *so ist* $[f^{\sim}]^{\wedge}(v) = (- i\ \mathrm{sgn}\ v) f^{\wedge}(v)$ *f.ü.* *Diese Relation bleibt unter der zusätzlichen Voraussetzung* $f^{\sim} \in \mathsf{L}^1(E)$ *für* $p = 1$ *gültig.*

Für $p = 2$ ist der Beweis schon vorher durchgeführt worden. Gibt man nun ein $\varphi \in \mathsf{C}_{00}(E)$ vor, so ist insbesondere $\varphi \in \mathsf{L}^q(E)$, $q \geq 1$. Nun wählt man nach Lemma 1.6 $q = 2p/(3p - 2)$ bzw. $q = 1$, so daß $\varphi * f \in \mathsf{L}^p \cap \mathsf{L}^2(E)$. Wendet man die Signumregel für $p = 2$ und den Faltungssatz 1.4 auf (2.06) an, so gilt

$$\varphi^{\wedge}(v)\, [f^{\sim}]^{\wedge}(v) = [\varphi * f^{\sim}]^{\wedge}(v) = [(\varphi * f)^{\sim}]^{\wedge}(v)$$
$$= (- i\ \mathrm{sgn}\ v)\, [\varphi * f]^{\wedge}(v) = (- i\ \mathrm{sgn}\ v)\, \varphi^{\wedge}(v) f^{\wedge}(v) \quad f.\ddot{u}.$$

Da $\varphi \in \mathsf{C}_{00}(E)$, ist $\varphi^{\wedge}$ eine analytische Funktion mit $\varphi^{\wedge}(v) \not\equiv 0$. Nach dem Identitätssatz der Funktionentheorie verschwindet $\varphi^{\wedge}$ höchstens an isolierten Punkten, und damit ist der Satz bewiesen.

Läßt man im Falle $p = 1$ die Forderung $f^{\sim} \in \mathsf{L}^1(E)$ fallen, so bewies E. C. Titchmarsh [1; p. 147] eine Abschwächung der Signumregel.

Lemma 2.8 *Ist* $f \in \mathsf{L}^1(E)$, *so gilt*

$$f^{\sim}(x) = \lim_{N \to \infty} \left(1/\sqrt{2\pi}\right) \int_{-N}^{N} (1 - |v|/N)\, (- i\ \mathrm{sgn}\ v)\, f^{\wedge}(v)\, e^{ixv}\, dv \quad f.\ddot{u}.$$

Eine weitere Anwendung des Satzes 2.6 gibt Auskunft über die Vertauschbarkeit von Integration und Hilberttransformation. Diese Beziehungen erweisen sich als nützlich in dem folgenden Abschnitt über gebrochene Integration, mit deren Hilfe verschiedene Integraloperatoren miteinander verknüpft werden.

---

[4] Zum Beispiel: G. Weiss [1; p. 53] beweist die Signumregel im Falle $p = 2$. E. Hille [1] erweitert sie mit einem Dichtigkeitsargument auf $1 < p < 2$.

Lemma 2.9 *Ist $g \in L^1(E)$, $f \in L^q(E)$, $1 < q < \infty$, oder $f, f^\sim \in L^1(E)$, so folgt*

$$(g * f)^\sim (x) = g * f^\sim (x) \quad f.\ddot{u}.$$

Beweis: Beide Seiten sind offensichtlich nach dem Faltungssatz 1.4 sinnvoll. Man wähle eine Folge $\{\varphi_k\} \in C_{00}(E)$ mit $\lim\limits_{k \to \infty} \|\varphi_k - g\|_1 = 0$. Nach (2.06) gilt für jedes k

$$(\varphi_k * f)^\sim (x) = \varphi_k * f^\sim (x) \quad f.\ddot{u}.$$ Da nach dem Faltungssatz 1.4 für $1 \le q < \infty$ gilt

$$\lim_{k \to \infty} \|g * f^\sim - \varphi_k * f^\sim\|_q \le \lim_{k \to \infty} \|f^\sim\|_q \|g - \varphi_k\|_1 = 0,$$

existiert eine Teilfolge $\{k_j\}$ mit $\lim\limits_{j \to \infty} \varphi_{k_j} * f^\sim (x) = g * f^\sim (x)$ $f.\ddot{u}.$ Wir ersetzen nun k_j durch k. Da nach (2.02)

$$\text{meas} \{x; |(g * f)^\sim (x) - (\varphi_k * f)^\sim (x)| > M > 0\} \le \{C_q M^{-1} \|g * f - \varphi_k * f\|_q\}^q$$

$$\le C_q^q M^{-q} \|f\|_q^q \|g - \varphi_k\|_1^q = o(1) \qquad (j \to \infty),$$

strebt wie im Beweis zu Satz 2.6 $(\varphi_k * f)^\sim (x)$ dem Maße nach für $j \to \infty$ gegen $(g * f)^\sim (x)$. Es existiert wiederum eine Teilfolge $\{k_j\}$ mit $\lim\limits_{j \to \infty} (\varphi_{k_j} * f)^\sim (x) = (g * f)^\sim (x)$ $f.\ddot{u}.$ Aus

$$(g * f)^\sim (x) = \lim_{j \to \infty} (\varphi_{k_j} * f)^\sim (x) = \lim_{j \to \infty} \varphi_{k_j} * f^\sim (x) = g * f^\sim (x) \quad f.\ddot{u}.$$

folgt die Behauptung.

Analog beweist man

Lemma 2.10 *Ist $g \in L^q(E)$, $1 \le q < \infty$, und $f, f^\sim \in L^1(E)$, so folgt*

$$(g * f)^\sim (x) = g * f^\sim (x) \quad f.\ddot{u}.$$

Aus diesen beiden Lemmata ergibt sich als

Folgerung 2.11 *Ist $f \in L^q(E)$, $1 < q < \infty$, und $g, g^\sim \in L^1(E)$, so gilt*

$$f^\sim * g(x) = (f * g)^\sim (x) = f * g^\sim (x) \quad f.\ddot{u}.$$

Wir beschließen diesen Abschnitt mit einigen Folgerungen für $1 < p \le 2$, die wir mit Hilfe der Eigenschaften der Hilberttransformation aus Satz 1.12 ziehen. Zunächst gilt offensichtlich wegen der Lemmata 2.2 und 2.4

Folgerung 2.12 *Aus $f \in L^p(E)$, $1 < p \le 2$, und*

$$\left\| \int_{-\infty}^{\infty} \chi^\wedge (v/n) \, |v|^\alpha f^\wedge (v) \, e^{ixv} \, dv \right\|_p = O(1)$$

gleichmäßig in $N > 0$ folgt für $k < \alpha$:

$$f^\sim, \ldots, (f^\sim)^{(k-1)} \in AC(E), \quad (f^\sim)^{(k)} \in L^p(E)$$

und

i) *falls $0 < \alpha - k < 1$:* $(f^\sim)^{(k)} \in \text{Lip}\,(\alpha - k, p)$,

ii) *falls $\alpha - k = 1$:* $(f^\sim)^{(k)} \in \text{Lip*}\,(1, p)$.

Ersetzt man in Satz 1.12 f durch $f^{\sim}$, so gilt vermöge der Signumregel 2.7

Folgerung 2.13 *Aus $f \in L^p(E)$, $1 < p \leq 2$, und*

$$\| \int_{-\infty}^{\infty} \chi^{\hat{}}(v/n)\,(-i\,\mathrm{sgn}\,v)\,|v|^{\alpha} f^{\hat{}}(v)\,e^{ixv}\,dv \|_p = O(1)$$

gleichmäßig in $N > 0$ folgt für $k < \alpha$:

$$f^{\sim}, \ldots, (f^{\sim})^{(k-1)} \in AC(E),\ (f^{\sim})^{(k)} \in L^p(E)$$

und

i) *falls $0 < \alpha - k < 1$: $(f^{\sim})^{(k)} \in \mathrm{Lip}\,(\alpha - k, p)$,*

ii) *falls $\alpha - k = 1$: $(f^{\sim})^{(k)} \in \mathrm{Lip}^*\,(1, p)$.*

Schließlich ergibt sich wegen der Lemmata 2.3 und 2.4

Folgerung 2.14 *Aus $f \in L^p(E)$, $1 < p \leq 2$, und*

$$\| \int_{-\infty}^{\infty} \chi^{\hat{}}(v/n)\,(-i\,\mathrm{sgn}\,v)\,|v|^{\alpha} f^{\hat{}}(v)\,e^{ixv}\,dv \|_p = O(1)$$

gleichmäßig in $N > 0$ folgt für $k < \alpha$:

$$f, \ldots, f^{(k-1)} \in AC(E),\ f^{(k)} \in L^p(E)$$

und

i) *falls $0 < \alpha - k < 1$: $f^{(k)} \in \mathrm{Lip}\,(\alpha - k, p)$,*

ii) *falls $\alpha - k = 1$: $f^{(k)} \in \mathrm{Lip}^*\,(1, p)$.*

Die den Folgerungen 2.12, 2.13 und 2.14 entsprechenden Versionen im Falle $p = 1$ bleiben bei diesen Methoden offen; sie werden jedoch in den Abschnitten 4 und 5 mit Hilfe der gebrochenen Integration bewiesen.

Kapitel 3

Gebrochene Integration

3.1 Das Weylsche gebrochene Integral und ein Integraloperator von W. Feller

In einer Arbeit von 1917 führt H. Weyl [1; p. 300] eine Umschreibung des Riemannschen Integrals gebrochener Ordnung für stetige, periodische Funktionen durch, die im Mittel Null sind:

$$(3.01) \qquad I_\alpha^+ f(x) \equiv f_\alpha(x) = [1/\Gamma(\alpha)] \int_{-\infty}^{x} (x-1)^{\alpha-1} f(t)\, dt \qquad (\alpha > 0).$$

Dann definiert er die gebrochene Ableitung der Ordnung α, $\alpha > 0$, von gegebenem f_α durch die Lösung f der obigen Integralgleichung. Hiervon abweichend definieren wir mit M. Riesz [2; p. 14] für $n \leq \alpha < n+1$, $n = 0, 1, \ldots$ eine Ableitung der Ordnung α durch

$$(3.02) \qquad D^\alpha f(x) = f^{(\alpha)}(x) = \frac{d^{n+1}}{dx^{n+1}} f_{n+1-\alpha}(x),$$

wann immer dieser Ausdruck einen Sinn hat.

In der Folgezeit lassen andere Autoren allgemeinere Funktionsräume zu. So beweisen z. B. Hardy–Littlewood–Pólya [1; p. 290], daß unter der Voraussetzung $f \in L^p(0, \infty)$, $1 < p < \infty, 0 < \alpha < 1/p, 1/q = 1/p - \alpha$ gilt $[1/\Gamma(\alpha)] \int_0^{x} (x-t)^{\alpha-1} f(t)\, dt \in L^q(0, \infty)$, und verweisen ibidem [p. 291] auf die Gültigkeit des analogen Ergebnisses:

Lemma 3.1 *Ist* $f \in L^p(E)$, $1 < p < \infty$, *und* $0 < \alpha < 1/p$, *dann existiert* $f_\alpha(x)$ *f.ü. und der Operator* I_α^+ *ist vom starken Typ* (p, q), *wo* $1/q = 1/p - \alpha$, *d. h.*

$$\| I_\alpha^+ f \|_q \leq C_q \| f \|_p .$$

In gleicher Schlußweise lassen sich diese Eigenschaften für das Integral

$$(3.03) \qquad I_\alpha^- f(x) = [1/\Gamma(\alpha)] \int_{x}^{\infty} (t-x)^{\alpha-1} f(t)\, dt$$

nachweisen.

L. von Wolfersdorf [1] macht auf eine interessante Beziehung zwischen $f_\alpha \equiv I_\alpha^+ f$ und $I_\alpha^- f$ aufmerksam und gibt hierzu den Beweisweg an. Es gilt

$$I_\alpha^- f(x) = \cos \pi\alpha\, f_\alpha(x) - \sin \pi\alpha\, H_0(f_\alpha)(x) \quad f.ü.$$

falls $f_\alpha, I_\alpha^- f \in L^q(E)$, wo $q > 1$.

Diese Relation soll in einem anderen Beweisverfahren nachgewiesen und erweitert werden. Wenn nicht anders gesagt, sei im folgenden $f \in L^p(E)$, $1 < p < \infty$, und $0 < \alpha < 1/p$, obwohl bei dem hier angegebenen Beweisverfahren die Beziehung von L. von Wolfersdorf auch unter der Voraussetzung $f_\alpha, I_\alpha^- f \in L^q(E)$, $q > 1$, ja sogar für $q = 1$ unter der zusätzlichen Voraussetzung $H_0 f_\alpha \in L^1(E)$ implizit gezeigt ist.

Definiert man die Funktionen

$$
\text{(3.04)} \quad
\begin{aligned}
n_1(t) &= \frac{\sqrt{2\pi}}{\Gamma(\alpha)}
\begin{cases}
t^{\alpha-1} & (t > 0) \\
0 & (t < 0)
\end{cases}
\qquad (0 < \alpha < 1), \\[2ex]
n_2(t) &= \frac{\sqrt{2\pi}}{\Gamma(\alpha)}
\begin{cases}
0 & (t > 0) \\
(-t)^{\alpha-1} & (t < 0)
\end{cases}
\qquad (0 < \alpha < 1)
\end{aligned}
$$

und betrachtet in Anlehnung an G. O. Okikiolu [1] $\Delta_h n_i(t) = n_i(t + h) - n_i(t)$, $i = 1, 2$, so läßt sich zeigen: $\Delta_h n_i(t) \in \mathsf{L}^1(E)$, $i = 1, 2$. Mithin ist die Faltung $f * \Delta_h n_i(x)$ nach Lemma 1.4 eine L^p-Funktion.

Schränkt man p zunächst auf $1 < p \leq 2$ ein, so gilt unter Benutzung der Relationen[5]

$$
\text{(3.05)} \quad
\begin{aligned}
\int_0^{\to \infty} t^{\alpha-1} e^{-ivt}\, dt &= e^{-i\frac{\pi}{2}\alpha \operatorname{sgn} v}\, \Gamma(\alpha)\, |v|^{-\alpha} \qquad (0 < \alpha < 1), \\[2ex]
\int_{\to -\infty}^0 (-t)^{\alpha-1} e^{-ivt}\, dt &= e^{i\frac{\pi}{2}\alpha \operatorname{sgn} v}\, \Gamma(\alpha)\, |v|^{-\alpha} \qquad (0 < \alpha < 1)
\end{aligned}
$$

wegen des Faltungssatzes 1.4

$$
\begin{aligned}
[f * \Delta_h n_2]^{\hat{}}(v) &= f^{\hat{}}(v)\,(e^{ihv} - 1)\, e^{i\frac{\pi}{2}\alpha \operatorname{sgn} v}\, |v|^{-\alpha} \\[1ex]
&= f^{\hat{}}(v)\,(e^{ihv} - 1)\, e^{i\left(\pi - \frac{\pi}{2}\right)\alpha \operatorname{sgn} v}\, |v|^{-\alpha} \\[1ex]
&= (e^{ihv} - 1)\, |v|^{-\alpha} e^{-i\frac{\pi}{2}\alpha \operatorname{sgn} v} \cdot [\cos \pi\alpha\, f^{\hat{}}(v) - \sin \pi\alpha\, (-i \operatorname{sgn} v) f^{\hat{}}(v)] \\[1ex]
&= \cos \pi\alpha\, [f * \Delta_h n_1]^{\hat{}}(v) - \sin \pi\alpha\, [H_0(f * \Delta_h n_1)]^{\hat{}}(v) \quad f.\ddot{u}. \\[1ex]
&= \cos \pi\alpha\, [f * \Delta_h n_1]^{\hat{}}(v) - \sin \pi\alpha\, [(H_0 f) * \Delta_h n_1]^{\hat{}}(v) \quad f.\ddot{u}.
\end{aligned}
$$

Die Gleichheit ($f.\ddot{u}.$) der letzten beiden Zeilen gilt auf Grund der Signumregel 2.7, unter Beachtung von $f * \Delta_h n_1 \in \mathsf{L}^p(E)$. Wegen der Eindeutigkeit der Fouriertransformation und da I_α^+, I_α^- nach Lemma 3.1 vom starken Typ (p, q) sind, gilt $I_\alpha^+ f, I_\alpha^- f \in \mathsf{L}^q(E)$, $q > 1$, und

$$
\begin{aligned}
\Delta_h\{I_\alpha^- f(x)\} &= \cos \pi\alpha\, \Delta_h f_\alpha(x) - \sin \pi\alpha\, \Delta_h\{H_0(f_\alpha)(x)\} \quad f.\ddot{u}. \\[1ex]
&= \cos \pi\alpha\, \Delta_h f_\alpha(x) - \sin \pi\alpha\, \Delta_h\{(H_0 f)_\alpha(x)\} \quad f.\ddot{u}.
\end{aligned}
$$

Nun benutzt man einen bei L. Hörmander [1; p. 96] aufgeführten Hilfssatz: *Falls $g \in \mathsf{L}^r(E)$, $1 \leq r < \infty$, so $\lim\limits_{h \to \infty} \|g(\cdot + h) + g(\cdot)\|_r = 2^{1/r}\, \|g\|_r$.* Mit diesem folgt

$$
\begin{aligned}
& 2^{1/q}\, \|I_\alpha^- f - \cos \pi\alpha\, f_\alpha + \sin \pi\alpha\, H_0(f_\alpha)\|_q \\[1ex]
&= \lim_{h \to \infty} \|\Delta_h\{I_\alpha^- f - \cos \pi\alpha\, f_\alpha + \sin \pi\alpha\, H_0(f_\alpha)\}\|_q = 0
\end{aligned}
$$

und analog

$$
2^{1/q}\, \|I_\alpha^- f - \cos \pi\alpha\, f_\alpha + \sin \pi\alpha\, (H_0 f)_\alpha\|_q = 0.
$$

---

[5] $\to \infty$ bedeutet hier den Grenzwert des uneigentlichen Riemann-Integrals. Im folgenden wird der Pfeil hier und bei uneigentlichen Lebesgue-Integralen weggelassen, wobei wir letztere im Sinne von E. C. Titchmarsh [1; p. 9] verstehen.

Ist $p > 2$, so wähle man eine Folge $\varphi_k \in \mathbf{C}_{00}(E)$ mit $\lim\limits_{k \to \infty} \|\varphi_k - f\|_p = 0$. Aus der Minkowski-Ungleichung, dem Lemma 3.1, das auch für I_α^- gilt, und der Abschätzung (2.03) folgt

$$\|I_\alpha^- f - \cos \pi\alpha \, f_\alpha + \sin \pi\alpha \, H_0(f_\alpha)\|_q$$

$$\leq \|I_\alpha^-(f - \varphi_k)\|_q + \|I_\alpha^- \varphi_k - \cos \pi\alpha \, (\varphi_k)_\alpha + \sin \pi\alpha \, H_0(\varphi_k)_\alpha\|_q$$

$$+ \|\cos \pi\alpha \, \{(\varphi_k)_\alpha - f_\alpha\}\|_q + \|\sin \pi\alpha \, H_0((\varphi_k)_\alpha - f_\alpha)\|_q$$

$$\leq C_\alpha \|f - \varphi_k\|_p = o(1) \qquad (k \to \infty),$$

da wegen $\varphi_k \in \mathsf{L}^q(E)$, $1 < q \leq 2$, $\|I_\alpha^- \varphi_k - \cos \pi\alpha \, (\varphi_k)_\alpha + \sin \pi\alpha \, H_0(\varphi_k)_\alpha\|_q = 0$. Auf gleiche Weise zeigt man für $p > 2$

$$\|I_\alpha^- f - \cos \pi\alpha \, f_\alpha + \sin \pi\alpha \, (H_0 f)_\alpha\|_q = 0.$$

Somit ist folgendes Lemma bewiesen:

Lemma 3.2 *Ist $f \in \mathsf{L}^p(E)$, $1 < p < \infty$ und $0 < \alpha < 1/p$, so ist*

$$(3.06) \qquad I_\alpha^- f(x) = \cos \pi\alpha \, f_\alpha(x) - \sin \pi\alpha \, H_0(f_\alpha)(x) \quad f.ü.$$

$$(3.07)^* \qquad I_\alpha^- f(x) = \cos \pi\alpha \, f_\alpha(x) - \sin \pi\alpha \, (H_0 f)_\alpha(x) \quad f.ü.$$

Hierbei stellt (3.06) die Beziehung von L. von Wolfersdorf dar; (3.07) scheint hingegen neu zu sein. Insbesondere ergibt sich aus (3.06) und (3.07) als

Folgerung 3.3 *Unter den Voraussetzungen von Lemma 3.2 gilt*

$$(3.08) \qquad H_0(f_\alpha)(x) = (H_0 f)_\alpha(x) \quad f.ü.$$

Diese Beziehung sagt aus, daß auf gewissen Funktionsräumen die Operatoren H_0 und I_α^+ miteinander kommutieren. Insbesondere erlaubt die Relation (3.08), eine Folgerung aus Lemma 2.4 für Differentialquotienten gebrochener Ordnung (3.02) zu ziehen, die den Autoren in der Literatur noch nicht begegnet ist.

Folgerung 3.4 *Besitzt $f \in \mathsf{L}^p(E)$, $1 < p < \infty$, $1/q = 1/p + \alpha - n - 1$ ($n < \alpha < n+1$; $n = 0, 1, \ldots$), eine Ableitung der Ordnung α mit $D^\alpha f \in \mathsf{L}^q(E)$, so ist $D^\alpha(H_0 f) \in \mathsf{L}^q(E)$ und*

$$(3.09) \qquad (D^\alpha f)^\sim(x) = D^\alpha(f^\sim)(x) \quad f.ü.$$

Es ist für die späteren Ausführungen zweckmäßig, durch Linearkombination von I_α^+ und I_α^- zwei neue Operatoren K_α und H_α einzuführen, und zwar

$$(3.10) \qquad K_\alpha f(x) = [2 \cos \pi\alpha/2]^{-1}(I_\alpha^+ + I_\alpha^-)f(x)$$

$$= [2\,\Gamma(\alpha) \cos \pi\alpha/2]^{-1} \int\limits_{-\infty}^{\infty} \frac{f(t)}{|x - t|^{1-\alpha}}\, dt,$$

$$(3.11) \qquad H_\alpha f(x) = [2 \sin \pi\alpha/2]^{-1}(I_\alpha^+ - I_\alpha^-)f(x)$$

$$= [2\,\Gamma(\alpha) \sin \pi\alpha/2]^{-1} \int\limits_{-\infty}^{\infty} \frac{f(t)}{\operatorname{sgn}(x - t)\,|x - t|^{1-\alpha}}\, dt.$$

---

* (Bemerkung bei der Korrektur) H. Kober (A modification of Hilbert transforms, the Weyl integral and functional equations, J. London Math. Soc. **42** (1967), 42–50) beweist unter ähnlichen Vorraussetzungen die Relationen (3.07) und (3.15).

Wegen (3.01), (3.06) und (3.07) ist

$$K_\alpha f(x) = [2 \cos \pi\alpha/2]^{-1}\{(1 + \cos \pi\alpha) f_\alpha(x) - \sin \pi\alpha \, (f_\alpha)^\sim(x)\}$$

$$(3.12) \qquad = \cos \frac{\pi}{2}\alpha \, f_\alpha(x) - \sin \frac{\pi}{2}\alpha \, (f_\alpha)^\sim(x) \quad f.\ddot{u}.$$

$$(3.13) \qquad = \cos \frac{\pi}{2}\alpha \, f_\alpha(x) - \sin \frac{\pi}{2}\alpha \, (f^\sim)_\alpha(x) \quad f.\ddot{u}.$$

und

$$H_\alpha f(x) = [2 \sin \pi\alpha/2]^{-1}\{(1 - \cos \pi\alpha) f_\alpha(x) + \sin \pi\alpha \, (f_\alpha)^\sim(x)\}$$

$$(3.14) \qquad = \cos \frac{\pi}{2}\alpha \, (f_\alpha)^\sim(x) + \sin \frac{\pi}{2}\alpha \, f(x) \quad f.\ddot{u}.$$

$$(3.15) \qquad = \cos \frac{\pi}{2}\alpha \, (f^\sim)_\alpha(x) + \sin \frac{\pi}{2}\alpha \, f(x) \quad f.\ddot{u}.$$

Hieraus schließt man mittels Lemma 2.3 leicht den

Satz 3.5   *Ist $f \in \mathsf{L}^p(E)$, $1 < p < \infty$, $0 < \alpha < 1/p$, so gilt*

$$H_0(K_\alpha f)(x) = H_\alpha f(x) = K_\alpha(H_0 f)(x) \quad f.\ddot{u}.$$

Die Bezeichnung der Operatoren K_α, H_α wurde in Anlehnung an G. O. OKIKIOLU [1] gewählt. Der Operator K_α wird durch eine Multiplikation mit $\cot \pi\alpha/2$ in den dort benutzten Operator überführt, H_α stimmt mit dem dortigen überein; jedoch beweist G. O. OKIKIOLU nicht den Satz 3.5.

Aus Lemma 3.1 und den Relationen (3.10) und (3.11) lassen sich einige Eigenschaften von K_α und H_α schließen.

Satz 3.6   *Ist $f \in \mathsf{L}^p(E)$, $1 < p < \infty$, $0 < \alpha < 1/p$ und $1/q = 1/p - \alpha$, dann existieren $K_\alpha f(x)$, $H_\alpha f(x)$ f.ü., und die Operatoren K_α und H_α sind vom starken Typ (p, q), d. h.*

$$\|K_\alpha f\|_q \leq c_q \|f\|_p, \qquad \|H_\alpha f\|_q \leq b_q \|f\|_p .$$

E. M. STEIN und G. WEISS [1] beweisen diesen Satz für K_α; G. O. OKIKIOLU [1] bemerkt, daß diese Eigenschaften von K_α und H_α analog zu HARDY–LITTLEWOOD–POLYA [1; p. 290] bewiesen werden können. Mit Hilfe der Folgerung 3.4 ergibt sich mittels (3.13) und (3.15) die

Folgerung 3.7 *Besitzt $f \in \mathsf{L}^p(E)$, $1 < p < \infty$ eine Ableitung der Ordnung α ($n < \alpha < n + 1$; $n = 0, 1, 2, \ldots$; $\alpha - n = \beta$) mit $D^\alpha f \in \mathsf{L}^q(E)$, $1/q = 1/p + \beta - 1$, so existieren $\dfrac{d^{n+1}}{dx^{n+1}} K_{1-\beta} f(x)$, $\dfrac{d^{n+1}}{dx^{n+1}} H_{1-\beta} f(x)$ f.ü. und sind in $\mathsf{L}^q(E)$.*

Umgekehrt läßt sich mit Hilfe der Beziehungen (3.13), (3.15) und des Satzes 3.5 das gebrochene Weylsche Integral der Ordnung $1 - \beta$ ($1 - 1/p < \beta < 1$) ausdrücken durch

$$f_{1-\beta}(x) = \cos \frac{\pi}{2}(1 - \beta) K_{1-\beta} f(x) + \sin \frac{\pi}{2}(1 - \beta) H_0(K_{1-\beta} f)(x).$$

Mit dem Lemma 2.4 gilt dann als Umkehrung die

Folgerung 3.8 *Sei p, q, α, β, n wie in Folgerung 3.7. Ist $f \in \mathsf{L}^p(E)$ mit $\dfrac{d^{n+1}}{dx^{n+1}} K_{1-\beta} f(x)$*

$\in \mathsf{L}^q(E)$, so existiert $D^\alpha f(x)$ f.ü. und ist in $\mathsf{L}^q(E)$. Gleiches gilt, wenn $K_{1-\beta}$ durch $H_{1-\beta}$ ersetzt wird.

Die Folgerungen beruhen im wesentlichen auf der Vertauschbarkeit von gebrochener Ableitung und Hilberttransformation (3.09). Diese ist hier unter sehr einschneidenden Voraussetzungen erreicht. Als echte Verallgemeinerung des Lemmas 2.4 sowie der Folgerung 3.4 ist zu vermuten:

Besitzt $f \in \mathsf{L}^p(E)$, $1 < p < \infty$, $1 - 1/p < \alpha < 1$ eine Ableitung der Ordnung α mit $D^\alpha f \in \mathsf{L}^p(E)$, so ist $D^\alpha(H_0 f) \in \mathsf{L}^p(E)$ und $(D^\alpha f)^\sim(x) = D^\alpha(f^\sim)(x)$ f.ü.

Wäre diese Vermutung gültig (sie wird in Abschnitt 5.3 für $1 < p \leq 2$ bewiesen), so ließen sich die Folgerungen 3.7 und 3.8 zusammenfassen zu:

Ist $f \in \mathsf{L}^p(E)$, $1 < p < \infty$, und $n + 1 - 1/p < \alpha < n + 1$, $n = 0, 1, \ldots$, so sind die folgenden drei Aussagen äquivalent:

$$\text{a) } D^\alpha f \in \mathsf{L}^p(E);$$

$$\text{b) } \left(\frac{d}{dx}\right)^{n+1} K_{1-\beta}\, f(x) \in \mathsf{L}^p(E);$$

$$\text{c) } \left(\frac{d}{dx}\right)^{n+1} H_{1-\beta} f(x) \in \mathsf{L}^p(E).$$

Die hier in (3.10) und (3.11) eingeführten Operatoren erweisen sich als Spezialfälle des von W. Feller [1; p. 75] eingeführten Integraloperators I_α^δ, der eine Verallgemeinerung des von M. Riesz [2; p. 16, 19] eingeführten Operators

$$I_\alpha f(x) = [2\, \Gamma(\alpha) \cos \pi\alpha/2]^{-1} \int\limits_{-\infty}^{\infty} |x - y|^{\alpha - 1} f(y)\, dy \qquad \{\equiv K_\alpha f(x)\}$$

darstellt:

$$(3.16) \qquad I_\alpha^\delta f(x) = [\Gamma(\alpha) \sin \pi\alpha]^{-1} \int\limits_{-\infty}^{\infty} |x - y|^{\alpha - 1} f(y) \sin \alpha \left(\frac{\pi}{2} + \frac{x - y}{|x - y|}\, \delta\right) dy.$$

Denn $I_\alpha^0 = K_\alpha$, $I_\alpha^{\pi/2\alpha} = H_\alpha$, $I_\alpha^{\pi/2} = I_\alpha^+$ und $I_\alpha^{-\pi/2} = I_\alpha^-$.

Wendet man auf (3.16) das Additionstheorem der Sinusfunktion an, so läßt sich I_α^δ durch K_α und H_α ausdrücken:

$$I_\alpha^\delta f(x) = \cos \alpha\delta\, K_\alpha f(x) + \sin \alpha\delta\, H_\alpha f(x).$$

Mit (3.08), (3.12), (3.14) und Satz 3.5, führt dies zu

Satz 3.9 *Ist $f \in L^p(E)$, $1 < p < \infty$ und $0 < \alpha < 1/p$, dann gilt*

$$I_\alpha^\delta f(x) = \cos \alpha\delta\, K_\alpha f(x) + \sin \alpha\delta\, H_0(K_\alpha f)(x) \quad f.ü.$$

$$= \cos \alpha\delta\, K_\alpha f(x) + \sin \alpha\delta\, K_\alpha(H_0 f)(x) \quad f.ü.$$

$$= \cos \alpha\left(\frac{\pi}{2} - \delta\right) f_\alpha(x) + \sin \alpha\left(\delta - \frac{\pi}{2}\right)(f_\alpha)^\sim(x) \quad f.ü.$$

$$(3.17) \qquad = \cos \alpha\left(\frac{\pi}{2} - \delta\right) f_\alpha(x) + \sin \alpha\left(\delta - \frac{\pi}{2}\right)(f^\sim)_\alpha(x) \quad f.ü.$$

Die erste dieser Gleichheiten formuliert C. CERCIGNANI [1] ohne Beweis; die restlichen drei scheinen neu zu sein. Insbesondere wird in (3.17) deutlich, daß für die hier betrachteten Funktionen als wesentlich neuer Begriff nur der von G. F. B. RIEMANN eingeführte Begriff der gebrochenen Integration erscheint und daß insbesondere die von W. FELLER eingeführte Operation sich auf eine Hilberttransformation und anschließende Linearkombination der gebrochenen (Weylschen) Integrale reduziert.

3.2 Eine Verallgemeinerung auf Stieltjes-Integrale

Die Einführung der Operatoren I_α^δ, K_α, H_α wird u.a. dadurch gerechtfertigt, daß sie auf einer weiteren Funktionsklasse einen leichteren Kalkül ermöglichen.

Ist $\mu \in \mathsf{NBV}(E)$, so definieren wir

$$(3.18) \qquad K_\alpha \mu(x) = [2\,\Gamma(\alpha)\cos \pi\alpha/2]^{-1} \int_{-\infty}^{\infty} \frac{d\mu(t)}{|x-t|^{1-\alpha}} \qquad (0 < \alpha < 1),$$

$$(3.19) \qquad H_\alpha \mu(x) = [2\,\Gamma(\alpha)\sin \pi\alpha/2]^{-1} \int_{-\infty}^{\infty} \frac{d\mu(t)}{\operatorname{sgn}(x-t)\,|x-t|^{1-\alpha}} \quad (0 < \alpha < 1)$$

und nennen vermöge Satz 3.5 H_α den zu K_α konjugierten Operator, $H_\alpha\mu$ bzw. $H_\alpha f$ die zu $K_\alpha\mu$ bzw. $K_\alpha f$ konjugiert gebrochenen Integrale.

Lemma 3.10 *Ist $\mu \in \mathsf{NBV}(E)$, so existieren $K_\alpha\mu(x)$, $H_\alpha\mu(x)$ f.ü. und sind lokal absolut integrierbar. Für festes h und x gilt*

$$\lim_{h_1 \to \pm\infty} \int_x^{x+h} K_\alpha\mu(x_1 + h_1)\,dx_1 = \lim_{h_1 \to \pm\infty} \int_x^{x+h} H_\alpha\mu(x_1 + h_1)\,dx_1 = 0.$$

Beweis: Wir zeigen zunächst

$$F_{x,h}(t) = \int_x^{x+h} |x_1 - t|^{\alpha-1}\,dx_1 \in \mathsf{C}_0(E) \qquad (h > 0).$$

Da $F_{x,h}(t) = \alpha^{-1}\{\operatorname{sgn}(x+h-t)\,|x+h-t|^\alpha - \operatorname{sgn}(x-t)\,|x-t|^\alpha\}$, ist $F_{x,h}$ für $\alpha > 0$ selbstverständlich stetig. Ist $\varepsilon > 0$, so läßt sich ein $N = N(\varepsilon; x, h)$ finden mit den Eigenschaften, daß für alle $|t| > N$ gilt $\operatorname{sgn} t = \operatorname{sgn}(t - x - h) = \operatorname{sgn}(t - x)$ und $\alpha^{-1}\,|\,|t - x - h|^\alpha - |t - x|^\alpha\,| = h\,|t - x - \vartheta h|^{\alpha-1} < \varepsilon$, $0 < \vartheta < 1$, d. h. $F_{x,h} \in \mathsf{C}_0(E)$. Somit gilt $\int_{-\infty}^{\infty} |d\mu(t)| \int_x^{x+h} |x_1 - t|^{\alpha-1}\,dx_1 < \infty$. Mit dem Satz von Fubini–Saks folgt

$$\int_x^{x+h} |K_\alpha\mu(x_1)|\,dx_1 \leqq \int_x^{x+h} dx_1 \int_{-\infty}^{\infty} |x_1 - t|^{\alpha-1}\,|d\mu(t)|$$

$$= \int_{-\infty}^{\infty} |d\mu(t)| \int_x^{x+h} |x_1 - t|^{\alpha-1}\,dx_1 < \infty$$

und hieraus der erste Teil des Satzes. Der zweite Teil ergibt sich nach dem Majorantenkriterium von Lebesgue

$$\lim_{h_1 \to \infty} \int_x^{x+h} K_\alpha\mu(x_1 + h_1)\,dx_1 = \lim_{h_1 \to \infty} \int_{-\infty}^{\infty} F_{x,h}(t - h_1)\,d\mu(t) = 0.$$

Analog schließt man für $H_\alpha\mu$.

Es bleibt noch zu zeigen, daß man abgesehen von Satz 3.5 in gewissem Sinne berechtigt ist, $K_\alpha\mu$ und $H_\alpha\mu$ konjugiert gebrochene Integrale zu nennen. Dies läßt sich relativ leicht mit einem Lemma von G. O. Okikiolu [1] heuristisch erklären.

Lemma 3.11 *Sei h eine feste reelle Zahl und*

$$m_{1,\beta}(t) = \frac{\sqrt{2\,\pi}}{2\,\Gamma(\beta)\cos\dfrac{\pi}{2}\beta}\,\{|t+h|^{\beta-1} - |t|^{\beta-1}\},$$

$$m_{2,\beta}(t) = \frac{\sqrt{2\,\pi}}{2\,\Gamma(\beta)\sin\dfrac{\pi}{2}\beta}\,\left\{\frac{|t+h|^\beta}{t+h} - \frac{|t|^\beta}{t}\right\}.$$

Dann ist für $0 < \beta < 1$ $m_{1,\beta}(t),\ m_{2,\beta}(t) \in \mathsf{L}^1(E)$ und

$$\widehat{m_{1,\beta}}(v) = (e^{ihv} - 1)\,|v|^{-\beta},\quad \widehat{m_{2,\beta}}(v) = (e^{ihv} - 1)\,(-\,i\,\mathrm{sgn}\,v)\,|v|^{-\beta}.$$

Aus der Eindeutigkeit der Fouriertransformation und der Signumregel 2.7 folgert man

$$(3.20)\qquad \widetilde{m_{1,\beta}}(x) = (H_0 m_{1,\beta})(x) = m_{2,\beta}(x)\quad f.\ddot{u}.$$

Betrachtet man nun die erste Differenz von $K_\alpha\mu$ bzw. $H_\alpha\mu$, so sind für $0 < \alpha < 1$ $\Delta_h K_\alpha\mu(x) = m_{1,\alpha} * \mu(x)$ $f.\ddot{u}.$, bzw. $\Delta_h H_\alpha\mu(x) = m_{2,\alpha} * \mu(x)$ $f.\ddot{u}.$ nach dem Faltungssatz 1.4 L^1-Funktionen. Ihre Fouriertransformierten lauten

$$[\Delta_h K_\alpha\mu]^{\widehat{}}\,(v) = (e^{ihv} - 1)\,|v|^{-\alpha}\,\overset{\smile}{\mu}(v),$$

$$[\Delta_h H_\alpha\mu]^{\widehat{}}\,(v) = (-\,i\,\mathrm{sgn}\,v)\,(e^{ihv} - 1)\,|v|^{-\alpha}\,\overset{\smile}{\mu}(v).$$

Wie bei (3.20) folgert man

$$(3.21)\qquad H_0(\Delta_h K_\alpha\mu)(x) = \Delta_h H_\alpha\mu(x)\quad f.\ddot{u}.$$

Lemma 3.12 *Ist $K_\alpha\mu \in \mathsf{L}^p(E), 1 < p < \infty$, dann ist auch $H_\alpha\mu \in \mathsf{L}^p(E)$ und $H_0(K_\alpha\mu)(x) = H_\alpha\mu(x)$ $f.\ddot{u}.$*

Vergleicht man Lemma 3.12 mit Satz 3.5, so erkennt man, daß offenbar deren Aussagen in Beziehung zueinander stehen.

Beim Beweis des Lemmas gehen wir von Relation (3.21) aus. Nach Voraussetzung und Lemma 3.10 läßt sich die Differenz trennen, und es gilt

$$H_0(\Delta_h K_\alpha\mu)(x) = H_0(K_\alpha\mu)(x+h) - H_0(K_\alpha\mu)(x)$$

$$= H_\alpha\mu(x+h) - H_\alpha\mu(x)\quad f.\ddot{u}.$$

Integriert man von 0 bis x, so ergibt sich

$$\int_0^x \{H_0(K_\alpha\mu)(x_1 + h) - H_0(K_\alpha\mu)(x_1)\}\,dx_1$$

$$= \int_h^{x+h} H_0(K_\alpha\mu)(x_1)\,dx_1 - \int_0^x H_0(K_\alpha\mu)(x_1)\,dx_1$$

$$= \int_0^x H_\alpha\mu(x_1 + h)\,dx_1 - \int_0^x H_\alpha\mu(x_1)\,dx_1.$$

Nach der Hölderungleichung gilt für jedes feste x

$$\left| \int_{h}^{x+h} H_0(K_\alpha\mu)(x_1)\,dx_1 \right|$$

$$\leqq \left\{ \int_{h}^{x+h} |H_0(K_\alpha\mu)(x_1)|^p\,dx_1 \right\}^{1/p} \left\{ \int_{h}^{x+h} dx_1 \right\}^{1/p'} = o(1) \qquad (h \to \infty),$$

da $K_\alpha\mu \in \mathsf{L}^p(E)$, $p > 1$. Außerdem ist nach Lemma 3.10 $\displaystyle\lim_{h \to \infty} \int_{0}^{x} H_\alpha\mu(x_1 + h)\,dx_1 = 0$
und somit folgt Lemma 3.12 aus

$$\int_{0}^{x} H_0(K_\alpha\mu)(x_1)\,dx_1 = \int_{0}^{x} H_\alpha\mu(x_1)\,dx_1 \,.$$

Ist μ absolut stetig, d. h. $\mu'(x) = g(x) \in \mathsf{L}^1(E)$, so läßt sich analog zur Hilberttransformation nachweisen, daß die Operatoren K_α und H_α vom schwachen Typ $(1, (1-\alpha)^{-1})$ sind; dies geschieht mit einem Kriterium von L. HÖRMANDER [1; p. 116].
HÖRMANDER definiert [1; Def. 2.1]: *Eine lokal integrierbare Funktion r ist Element von R^a, falls eine kompakte Menge M, eine Nullumgebung N und eine Konstante C derart existieren, daß*

$$\left\{ \int_{C(M)} |r_t^{(a)}(x-y) - r_t^{(a)}(x)|^a\,dx \right\}^{1/a} \leqq C \qquad (y \in N;\ t > 0),$$

wo $r_t^{(a)}$ für $t > 0$ definiert ist durch: $r_t^{(a)}(x) = t^{-1/a}\,r(x/t)$ *und* $(1/p) - (1/q) = 1 - (1/a)$.

L. HÖRMANDERS [1; Theorem 2.2] Kriterium lautet leicht abgewandelt: *Sei $r \in \mathsf{R}^a$ und* $\|r * f\|_q \leqq C_1\,\|f\|_p$ *für alle* $f \in \mathsf{L}^p(E)$, $1 < p \leqq q < \infty$. *Ist $u \in \mathsf{L}^1(E)$, so folgt*

$$\mathrm{meas}\ \{x;\ |r * u)(x)| > M > 0\} \leqq C_2(\|u\|_1/M)^a,$$

wo meas *das Lebesgue-Maß und C_1, C_2 Konstanten sind.*

Wählt man $r_1(t) = |t|^{\alpha-1}$, $r_2(t) = \mathrm{sgn}\,t\,|t|^{\alpha-1}$, $a = 1/(1-\alpha)$, q wie in Satz 3.6, dann ist $(1/p) - (1/q) = 1 - (1/a)$ und $\|r_i * f\|_q \leqq C_i\,\|f\|_p$ für alle $f \in \mathsf{L}^p(E)$, $i = 1, 2$ erfüllt. Außerdem genügen die Funktionen r_1 und r_2 der Bedingung der Definition von L. HÖRMANDER [1; p. 113]: $r_i \in \mathsf{R}^a$, $i = 1, 2$. Damit sind alle Voraussetzungen des Hörmander-Kriteriums gegeben, und man erhält als (vermutlich) neues Ergebnis den

Satz 3.13   *Für alle $f \in \mathsf{L}^1(E)$ ist*

$$\mathrm{meas}\ \{x;\ |K_\alpha f(x)| > M > 0\} \leqq C_1(\|f\|_1/M)^{1/(1-\alpha)}\,,$$

$$\mathrm{meas}\ \{x;\ |H_\alpha f(x)| > M > 0\} \leqq C_2(\|f\|_1/M)^{1/(1-\alpha)}\,.$$

Mit den Sätzen 3.6 und 3.13 läßt sich das Verhalten der Operatoren K_α und H_α für $\alpha \to 0 +$ untersuchen. M. RIESZ [2; p. 13] zeigt für stetige Funktionen φ, die im Unendlichen hinreichend schnell verschwinden:

$$\lim_{\alpha \to 0+} K_\alpha^+ \varphi(x) \equiv \lim_{\alpha \to 0+} [2\,\Gamma(\alpha)\cos \pi\alpha/2]^{-1} \int_{-\infty}^{x} (x-t)^{\alpha-1}\varphi(t)\,dt = \frac{1}{2}\,\varphi(x).$$

Diese Beziehung und die entsprechende für H_α soll für genügend glatte $f \in \mathsf{L}^p(E)$, $1 \leqq p < \infty$, nachgewiesen werden.

Satz 3.14   *Es existieren dichte Teilmengen von $\mathsf{L}^p(E)$, $1 \leqq p < \infty$ mit* $\displaystyle\lim_{\alpha \to 0+} K_\alpha f(x)$
$= f(x)$ *und* $\displaystyle\lim_{\alpha \to 0+} H_\alpha f(x) = f^\sim(x)$ *f.ü., falls f Element einer dieser Teilmengen ist.*

Zum Beweise betrachte man die Menge der Faltungsprodukte von $g \in \mathsf{L}^p(E)$ mit dem Poisson-Kern:

$$A = \left\{ f_\delta; f_\delta(x) = \frac{1}{\pi} \int_{-\infty}^{\infty} \frac{\delta}{\delta^2 + u^2} f(x-u)\, du,\ f \in \mathsf{L}^p(E),\ 1 \leq p < \infty \right\},$$

die bezüglich der L^p-Norm dicht in $\mathsf{L}^p(E)$ liegt. Da für festes $\delta > 0$ $\ \delta(\delta^2 + u^2)^{-1}$ $\in \mathsf{L}^1 \cap \mathsf{L}^p(E)$, $1 \leq p < \infty$, ist nach Lemma 1.6 $f_\delta \in \mathsf{L}^q(E)$, $1 \leq p \leq q < \infty$. Außerdem ist f_δ differenzierbar

$$\frac{d}{dx} f_\delta(x) = \frac{1}{\pi} \int_{-\infty}^{\infty} \left[\frac{\partial}{\partial u} \frac{\delta}{\delta^2 + u^2} \right] f(x-u)\, du,$$

und die Ableitung ist nach der Hölderschen Ungleichung für festes $\delta > 0$ gleichmäßig bezüglich x beschränkt, da $\partial/\partial u[\delta(\delta^2 + u^2)^{-1}]$ sowohl Element von $\mathsf{L}^p(E)$, $1 \leq p < \infty$, als auch von $\mathsf{C}_0(E)$ ist. Mithin ist $f_\delta \in \mathrm{Lip}\, 1$ auf E und gleichmäßig stetig. Wir zeigen nun, daß K_α auf A für $\alpha \to 0 +$ gegen den Identitätsoperator strebt.

Gibt man ein $f_\delta \in A$ und ein $x \in E$ vor, so existiert auf Grund der gleichmäßigen Stetigkeit von f_δ zu jedem $\varepsilon > 0$ ein $\eta = \eta(\varepsilon) > 0$ mit $|f_\delta(x+h) - f_\delta(x)| < \varepsilon$ für alle $|h| \leq \eta$. Mit

$$K_\alpha^+ f(x) = [2\,\Gamma(\alpha)\cos \pi\alpha/2]^{-1} \int_{-\infty}^{x-\eta} (x-t)^{\alpha-1} f_\delta(t)\, dt$$

$$+ [2\,\Gamma(\alpha)\cos \pi\alpha/2]^{-1} \int_{x-\eta}^{x} (x-t)^{\alpha-1} \{f_\delta(t) - f_\delta(x)\}\, dt$$

$$+ [2\,\Gamma(\alpha)\cos \pi\alpha/2]^{-1} f_\delta(x) \int_{x-\eta}^{x} (x-t)^{\alpha-1}\, dt$$

$$= I_1 + I_2 + I_3$$

folgt für I_1, da $\lim_{\alpha \to 0+} \Gamma(\alpha) = \infty$, $\lim_{\alpha \to 0+} \Gamma(\alpha + 1) = \lim_{\alpha \to 0+} \cos \frac{\pi}{2}\alpha = 1$,

$$|I_1| = |\,[2\,\Gamma(\alpha)\cos \pi\alpha/2]^{-1} \int_{\eta}^{\infty} t^{\alpha-1} f_\delta(x-t)\, dt\,|$$

$$\leq [2\,\Gamma(\alpha)\cos \pi\alpha/2]^{-1} \{ \int_{\eta}^{\infty} |f_\delta(x-t)|^p\, dt\}^{1/p} \{ \int_{\eta}^{\infty} t^{p'\,(\alpha-1)}\, dt\}^{1/p'} = o(1)$$

für $\alpha \to 0 +$, falls $\eta > 0$ fest und $0 < \alpha < 1/p$ ist.

I_2 läßt sich auf Grund der gleichmäßigen Stetigkeit ebenfalls abschätzen zu

$$|I_2| \leq \varepsilon\, [2\,\Gamma(\alpha)\cos \pi\alpha/2]^{-1} \int_{x-\eta}^{x} (x-t)^{\alpha-1}\, dt = \varepsilon\, [2\,\Gamma(\alpha + 1)\cos \pi\alpha/2]^{-1}\, \eta^\alpha = o(1).$$

Schließlich strebt I_3 gegen $(1/2)f_\delta(x)$, da

$$I_3 = [\Gamma(\alpha + 1)\cos \pi\alpha/2]^{-1}\, \eta^\alpha (1/2) f_\delta(x),$$

d. h.

$$\lim_{\alpha \to 0+} K_\alpha^+ f_\delta(x) = f_\delta(x).$$

Entsprechend zeigt man

$$\lim_{\alpha \to 0+} K_\alpha^- f_\delta(x) \equiv \lim_{\alpha \to 0+} [2\cos \pi\alpha/2]^{-1} I_\alpha^- f(x) = (1/2) f_\delta(x).$$

Somit gilt für alle $f_\delta \in A$

$$\lim_{\alpha \to 0+} K_\alpha f_\delta(x) = f_\delta(x).$$

Nach Satz 3.5 ist $H_\alpha g(x) = K_\alpha(H_0 g)(x)$ $f.\ddot{u}.$ für $g \in L^q(E)$, $q > 1$, $0 < \alpha < 1/q$. Da nach einem Satz 2.5 analogen Satz (siehe E. C. Titchmarsh [1; p. 145]) aus $g \in L^q(E) \cap \text{Lip } 1$ $\tilde{g} \in L^q(E) \cap \text{Lip} * 1$ folgt, ist $\tilde{g}$ insbesondere stetig. $f_\delta \in A$ erfüllt nach obigem alle diese Voraussetzungen, und es gilt

$$\lim_{\alpha \to 0+} H_\alpha f_\delta(x) = \lim_{\alpha \to 0+} K_\alpha(H_0 f_\delta)(x) = H_0 f_\delta(x) \quad f.\ddot{u}.$$

Wie aus der Wahl der dichten Teilmenge zu erkennen ist, lassen sich mit geeigneten Funktionen (Fejér, Jackson – de La Vallée Poussin, Gauß – Weierstraß usf.) entsprechende Mengen konstruieren. Eine anders geartete, dichte Teilmenge von $L^p(E)$ stellt die Menge der Treppenfunktion dar, für die man ebenfalls die Aussage des Satzes 3.14 beweisen kann.

Zu bemerken ist noch, daß K_α bezüglich α eine Halbgruppe, d. h. $K_{\alpha+\beta} f = K_\alpha(K_\beta f)$, unter geeigneten Voraussetzungen an f bildet; zum Beweis siehe z. B. W. Feller [1]. Im Gegensatz hierzu besitzt H_α nicht die Halbgruppeneigenschaft, wie leicht aus Satz 3.5 und Lemma 2.3 zu ersehen ist. Jedoch genügt H_α den Funktionalgleichungen $H_{\alpha+\beta} f = K_\alpha(H_\beta) f$, $H_\alpha(H_\beta) f = - K_{\alpha+\beta} f$ für geeignete f, α, β.

Kapitel 4

Ableitungen einer Funktion und ihrer Hilberttransformierten

In diesem Abschnitt werden Funktionen $f \in \mathsf{L}^p(E)$, $1 \leq p \leq 2$, bzw. ihre Hilberttransformierten betrachtet, die n-fach differenzierbar sind und deren n-te Ableitung in $\mathsf{NBV}(E)$ oder $\mathsf{L}^p(E)$ liegt. Zunächst charakterisiert man diese Funktionenklassen, anschließend kann man für $p = 1$ unter speziellen Voraussetzungen aus der Differenzierbarkeit einer Funktion auf die Differenzierbarkeit ihrer Hilberttransformierten schließen. Als Beweismethode wird die Fouriertransformationsmethode benutzt.

4.1 Charakterisierung von Beziehungen zwischen Fouriertransformierten

Schon verhältnismäßig lange bekannt ist der folgende Sachverhalt: *Sei $f, g \in \mathsf{L}^1(E)$. Es gilt $f, \ldots, f^{(n-1)} \in \mathsf{AC}(E)$ mit $f^{(n)}(x) = g(x)$ f.ü. genau dann für $n = 1, 2, \ldots$, wenn $(iv)^n f^{\wedge}(v) = g^{\wedge}(v)$.* Diese Beziehung zwischen den Fouriertransformierten ist relativ einfach und speziell, da aus jeder L^1-Funktion mittels $\mu(x) = \int\limits_{-\infty}^{x} g(u)\, du$ eine Funktion von beschränkter Variation gewonnen werden kann. Eine Charakterisierung von $(iv)^n f^{\wedge}(v) = \mu^{\vee}(v)$ bzw. $(-i\,\mathrm{sgn}\,v)\,(iv)^n f^{\wedge}(v) = \mu^{\vee}(v)$ behandelt J. L. B. Cooper [1]. Sein Ergebnis ist die Aussage a) $\Rightarrow$ b) für $p = 1$ der Sätze 4.1 und 4.3. Die Aussage d) $\Rightarrow$ a) des Satzes 4.1 wurde von P. L. Butzer [3] bewiesen. Obwohl der Satz damit im wesentlichen bekannt ist, wird ein Beweis der Vollständigkeit und der Beweismethoden wegen angegeben.

Satz 4.1   *Ist $f \in \mathsf{L}^p(E)$, $1 \leq p \leq 2$, dann sind für $n = 1, 2, \ldots$ folgende Aussagen äquivalent :*

a) i)   *$p = 1$: es existiert ein $\mu \in \mathsf{NBV}(E)$ mit $(iv)^n f^{\wedge}(v) = \mu^{\vee}(v)$,*
   ii) *$1 < p \leq 2$: es existiert ein $g \in \mathsf{L}^p(E)$ mit $(iv)^n f^{\wedge}(v) = g^{\wedge}(v)$ f.ü.;*

b) i)   *$p = 1: f, \ldots, f^{(n-2)} \in \mathsf{AC}(E)$ und $f^{(n-1)} \in \mathsf{NBV}(E)$,*
   ii) *$1 < p \leq 2: f, \ldots, f^{(n-1)} \in \mathsf{AC}(E)$ und $f^{(n)} \in \mathsf{L}^p(E)$;*

c) *$f^{(n-1)} \in \mathrm{Lip}\,(1, p)$;*

d) *$\|\Delta_h^n f\|_p = O(|h|^n)$.*

Der Beweis soll in Form eines Ringschlusses geführt werden.

a) $\Rightarrow$ b); i) $p = 1$:

Man betrachte zunächst den Fall $n = 1$; faßt man (siehe Fußnote 3)

$$\mu(x + h) - \mu(x) = \int\limits_{x}^{x+h} d\mu(u)$$

als Faltung von μ mit

$$\sqrt{2\pi}\,\chi_{[-h,\,0]}(x) = \sqrt{2\pi}\,\begin{cases} 1 & (-h \leq x \leq 0) \\ 0 & (\text{sonst}) \end{cases}$$

auf, so gilt nach dem Faltungssatz 1.4 und der Umkehrformel (1.16) unter Beachtung von $\left[\sqrt{2\pi}\,\chi_{[-h,\,0]}\right]^{\wedge}(v) = (e^{ihv} - 1)/iv$ und $(iv) f^{\wedge}(v) = \mu^{\vee}(v)$

$$(4.01) \qquad \int_x^{x+h} d\mu(u) = \lim_{N\to\infty} \frac{1}{\sqrt{2\pi}} \int_{-N}^{N} \left(1 - \frac{|v|}{N}\right) \left(\frac{e^{ihv} - 1}{iv}\right) \overset{\smile}{\mu}(v)\, e^{ixv}\, dv$$

$$= \lim_{N\to\infty} \frac{1}{\sqrt{2\pi}} \int_{-N}^{N} \left(1 - \frac{|v|}{N}\right) (e^{ihv} - 1) \overset{\frown}{f}(v)\, e^{ixv}\, dv$$

$$= f(x + h) - f(x) \quad f.\ddot{u}.$$

Integriert man beide Seiten von 0 bis x, so strebt die rechte Seite wegen $\int_0^x f(u + h)\, du$

$$= \int_h^{x+h} f(u)\, du = o(1) \text{ für } h \to -\infty \text{ gegen } \int_0^x f(u)\, du, \text{ die linke nach dem Lebesgueschen}$$

Majorantenkriterium gegen $\int_0^x du \int_{-\infty}^{u} d\mu(u_1)$. Hieraus folgt $f(x) = \mu(x)$ $f.\ddot{u}.$, d. h.

$f \in \mathsf{NBV}(E)$. Ist $n \geq 2$, so wird (4.01) von x_{n-2} bis $x_{n-2} + h_{n-2}$ integriert. Da $(iv)^{-1}(e^{ihv} - 1)\overset{\smile}{\mu}(v) \in \mathsf{L}^2(E)$, gilt wegen der Konsistenz der Fouriertransformation und wegen (1.15)

$$\overset{(2)}{\underset{N\to\infty}{\mathrm{l.i.m.}}} \frac{1}{\sqrt{2\pi}} \int_{-N}^{N} \left(1 - \frac{|v|}{N}\right) \left(\frac{e^{ih_{n-1}v} - 1}{iv}\right) \overset{\smile}{\mu}(v)\, e^{ix_{n-1}v}\, dv = \int_{x_{n-1}}^{x_{n-1}+h_{n-1}} d\mu(x).$$

Da andererseits die charakteristische Funktion $\chi_{[x_{n-2}, x_{n-2}+h_{n-2}]} \in \mathsf{L}^2(E)$, folgt nach einem Satz der Integrationstheorie

$$\int_{x_{n-2}}^{x_{n-2}+h_{n-2}} dx_{n-1} \lim_{N\to\infty} \frac{1}{\sqrt{2\pi}} \int_{-N}^{N} \left(1 - \frac{|v|}{N}\right) \left(\frac{e^{ih_{n-1}v} - 1}{iv}\right) \overset{\smile}{\mu}(v)\, e^{ix_{n-1}v}\, dv$$

$$= \lim_{N\to\infty} \int_{x_{n-2}}^{x_{n-2}+h_{n-2}} dx_{n-1} \frac{1}{\sqrt{2\pi}} \int_{-N}^{N} \left(1 - \frac{|v|}{N}\right) \left(\frac{e^{ih_{n-1}v} - 1}{iv}\right) \overset{\smile}{\mu}(v)\, e^{ix_{n-1}v}\, dv$$

und somit

$$\int_{x_{n-2}}^{x_{n-2}+h_{n-2}} dx_{n-1} \int_{x_{n-1}}^{x_{n-1}+h_{n-1}} d\mu(x)$$

$$= \lim_{N\to\infty} \frac{1}{\sqrt{2\pi}} \int_{-N}^{N} \left(1 - \frac{|v|}{N}\right) \left(\frac{e^{ih_{n-1}v} - 1}{iv}\right) \overset{\smile}{\mu}(v)\, dv \int_{x_{n-2}}^{x_{n-2}+h_{n-2}} e^{ix_{n-1}v}\, dx_{n-1}$$

$$= \lim_{N\to\infty} \frac{1}{\sqrt{2\pi}} \int_{-N}^{N} \left(1 - \frac{|v|}{N}\right) \left(\frac{e^{ih_{n-1}v} - 1}{iv}\right) \left(\frac{e^{ih_{n-2}v} - 1}{iv}\right) \overset{\smile}{\mu}(v)\, e^{ix_{n-2}v}\, dv.$$

Die Vertauschung der Integration ist wegen der absoluten Konvergenz des Doppelintegrals nach dem Satz von Fubini gerechtfertigt. Da $(e^{ih_{n-1}v} - 1)(e^{ih_{n-2}v} - 1)(iv)^{-2} \in \mathsf{L}^1(E)$, gilt nach dem Lebesgueschen Majorantenkriterium

$$\int_{x_{n-2}}^{x_{n-2}+h_{n-2}} dx_{n-1} \int_{x_{n-1}}^{x_{n-1}+h_{n-1}} d\mu(x_n)$$

$$= \frac{1}{\sqrt{2\pi}} \int_{-\infty}^{\infty} \left(\frac{e^{ih_{n-1}v} - 1}{iv}\right) \left(\frac{e^{ih_{n-2}v} - 1}{iv}\right) \overset{\smile}{\mu}(v)\, e^{ix_{n-2}v}\, dv.$$

Nun ist nach Voraussetzung $\overset{\frown}{f}(v) = (iv)^{-n}\overset{\smile}{\mu}(v)$ und somit $(iv)^{-k}\mu(v) \in \mathsf{L}^1(E)$, $2 \leq k \leq n$. Dann darf man das Lemma von Riemann–Lebesgue 1.1 auf der rechten

Seite auf die Funktion $(iv)^{-2}(e^{ih_{n-2}v} - 1)\,\mu^{\vee}(v) \in \mathsf{L}^1(E)$ für $h_{n-1} \to -\infty$ anwenden, auf der linken für festes h_{n-2} das Lebesguesche Majorantenkriterium mit

$$\left| \int_{x_{n-1}}^{x_{n-1}+h_{n-1}} d\mu(x_n) \right| \leq \|\mu\|_{\mathsf{NBV}}$$ als Majorante. Folglich

$$\int_{x_{n-2}}^{x_{n-2}+h_{n-2}} dx_{n-1} \int_{x_{n-1}}^{-\infty} d\mu(x_n) = \frac{-1}{\sqrt{2\pi}} \int_{-\infty}^{\infty} \left(\frac{e^{ih_{n-2}v} - 1}{(iv)^2}\right) \mu^{\vee}(v)\, e^{ix_{n-2}v}\, dv.$$

Eine erneute Anwendung von Lemma 1.1 auf $(iv)^{-2}\mu^{\vee}(v) \in \mathsf{L}^1(E)$ ergibt

$$(4.02) \qquad \int_{-\infty}^{x_{n-2}} dx_{n-1} \int_{-\infty}^{x_{n-1}} d\mu(x_n) = \frac{1}{\sqrt{2\pi}} \int_{-\infty}^{\infty} \frac{\mu^{\vee}(v)}{(iv)^2} e^{ix_{n-2}v}\, dv.$$

[Der Grenzwert auf der linken Seite ist im Sinne der Fußnote 5 zu verstehen.]

Integriert man (4.02) von x_{n-3} bis $x_{n-3} + h_{n-3}$, so darf nach Fubini (da $(iv)^{-2}\mu^{\vee}(v) \in \mathsf{L}^1(E)$) die Integrationsfolge vertauscht werden. Also ist

$$\int_{x_{n-3}}^{x_{n-3}+h_{n-3}} dx_{n-2} \int_{-\infty}^{x_{n-2}} dx_{n-1} \int_{-\infty}^{x_{n-1}} d\mu(x_n)$$

$$= \frac{1}{\sqrt{2\pi}} \int_{-\infty}^{\infty} \frac{\mu^{\vee}(v)}{(iv)^2}\, dv \int_{x_{n-3}}^{x_{n-3}+h_{n-3}} e^{ix_{n-2}v}\, dx_{n-2}$$

$$= \frac{1}{\sqrt{2\pi}} \int_{-\infty}^{\infty} \left(\frac{e^{ih_{n-3}v} - 1}{(iv)^3}\right) \mu^{\vee}(v)\, e^{ix_{n-3}v}\, dv,$$

und somit nach Lemma 1.1

$$\int_{-\infty}^{x_{n-3}} dx_{n-2} \int_{-\infty}^{x_{n-2}} dx_{n-1} \int_{-\infty}^{x_{n-1}} d\mu(x_n) = \frac{1}{\sqrt{2\pi}} \int_{-\infty}^{\infty} \frac{\mu^{\vee}(v)}{(iv)^3} e^{ix_{n-3}v}\, dv.$$

Setzt man dieses Verfahren fort, bis man zu einem n-fach iterierten Integral gelangt, benutzt man die Voraussetzung $f^{\wedge}(v) = (iv)^{-n}\mu^{\vee}(v) \in \mathsf{L}^1(E)$ und die Umkehrformel (1.17), so ergibt sich für $p = 1$ die Behauptung aus

$$(4.03) \qquad \int_{-\infty}^{x} dx_1 \int_{-\infty}^{x_1} dx_2 \ldots \int_{-\infty}^{x_{n-1}} d\mu(x_n)$$

$$= \frac{1}{\sqrt{2\pi}} \int_{-\infty}^{\infty} \frac{\mu^{\vee}(v)}{(iv)^n} e^{ixv}\, dv = \frac{1}{\sqrt{2\pi}} \int_{-\infty}^{\infty} f^{\wedge}(v)\, e^{ixv}\, dv = f(x) \quad f.\ddot{u}.$$

ii) $1 < p \leq 2$:

Benutzt man die für alle $g \in \mathsf{L}^p(E)$, $1 < p \leq 2$, gültige Formel (1.13), so gilt

$$\int_{x_{n-1}}^{x_{n-1}+h_{n-1}} g(x_n)\, dx_n = \frac{1}{\sqrt{2\pi}} \int_{-\infty}^{\infty} g^{\wedge}(v) \left(\frac{e^{ih_{n-1}v} - 1}{iv}\right) e^{ix_{n-1}v}\, dv.$$

Mit Hilfe der Hölder-Ungleichung und der Voraussetzung $(iv)^n f^{\wedge}(v) = g^{\wedge}(v)$ $f.\ddot{u}.$ folgt sofort $(iv)^{-k} g^{\wedge}(v) \in \mathsf{L}^1(E)$, $1 \leq k \leq n$, und

$$(4.04) \qquad \int_{-\infty}^{x_{n-1}} g(x_n)\, dx_n = \frac{1}{\sqrt{2\pi}} \int_{-\infty}^{\infty} \frac{g^{\wedge}(v)}{iv}\, e^{ix_{n-1}v}\, dv$$

nach Anwendung des Lemmas 1.1 auf $(iv)^{-1} g^{\wedge}(v) \in \mathsf{L}^1(E)$. Formel (4.04) entspricht (4.02). Iteriert man das unter (4.02) beschriebene Verfahren, so folgt für $1 < p \leq 2$ die Aussage b) aus

$$(4.05) \qquad \int_{-\infty}^{x} dx_1 \ldots \int_{-\infty}^{x_{n-1}} g(x_n)\, dx_n = \frac{1}{\sqrt{2\pi}} \int_{-\infty}^{\infty} \frac{g^{\wedge}(v)}{(iv)^n}\, e^{ixv}\, dv$$

$$= \frac{1}{\sqrt{2\pi}} \int_{-\infty}^{\infty} f^{\wedge}(v)\, e^{ixv}\, dv = f(x) \quad f.\ddot{u}.$$

b) $\Rightarrow$ c):

Nach Voraussetzung gilt die Darstellung

$$f^{(n-1)}(x+h) - f^{(n-1)}(x) = \int_{x}^{x+h} \begin{cases} df^{(n-1)}(u) & p = 1 \\ f^{(n)}(u)\, du & 1 < p \leq 2 \end{cases} \quad f.\ddot{u}.$$

Aus dem Faltungssatz 1.4 folgt unmittelbar (siehe Argument im Beweis von Satz 2.5)

$$\| f^{(n-1)}(\cdot + h) - f^{(n-1)}(\cdot) \|_p \leq \begin{cases} \| f^{(n-1)} \|_{\mathsf{NBV}} \\ \| f^{(n)} \|_p \end{cases} \cdot |h| = O(|h|)$$

und hieraus die Behauptung.

c) $\Rightarrow$ d):

Nach Voraussetzung gilt die Darstellung

$$\Delta_h^n f(x) = \int_{x}^{x+h} dx_1 \ldots \int_{x_{n-2}}^{x_{n-2}+h} \Delta_h f^{(n-1)}(x_{n-1})\, dx_{n-1}.$$

Sie läßt sich wiederum als $(n-1)$-faches Faltungsprodukt von $\sqrt{2\pi}\,\chi_{[-h,\,0]}$ mit $\Delta_h f^{(n-1)} \in \mathsf{L}^p(E)$, $1 \leq p \leq 2$ auffassen. Mit dem Faltungssatz 1.4 folgert man

$$\| \Delta_h^n f \|_p \leq |h|^{n-1} \| f^{(n-1)}(\cdot + h) - f^{(n-1)}(\cdot) \|_p = O(|h|^n).$$

d) $\Rightarrow$ a):

Für jedes $f \in \mathsf{L}^p(E)$, $1 \leq p \leq 2$, gilt punktweise

$$\lim_{h \to 0} \left(\frac{e^{ihv} - 1}{h} \right)^n f^{\wedge}(v) = (iv)^n f^{\wedge}(v).$$

Außerdem ist nach der Titchmarsh-Ungleichung (1.11), die auch für $p = 1$, $p' = \infty$ gilt, und dem Lemma von Fatou

$$\| (iv)^n f^{\wedge}(v) \|_{p'} \leq \liminf_{h \to 0} \| h^{-n}(e^{ihv} - 1)^n f^{\wedge}(v) \|_{p'}$$

$$= \liminf_{h \to 0} \| h^{-n}[\Delta_h^n f]^{\wedge} \|_{p'} \leq \liminf_{h \to 0} |h|^{-n} \| \Delta_h^n f \|_p = O(1).$$

Mit dem Lebesgueschen Majorantenkriterium und der Parsevalformel 1.7 folgt für jedes $N > 0$

$$\frac{1}{\sqrt{2\pi}} \int_{-N}^{N} \left(1 - \frac{|v|}{N}\right) (iv)^n f^{\wedge}(v)\, e^{ixv}\, dv$$

$$= \lim_{h \to 0} \frac{1}{h^n \sqrt{2\pi}} \int_{-N}^{N} \left(1 - \frac{|v|}{N}\right) . (e^{ihv} - 1)^n f^{\wedge}(v)\, e^{ixv}\, dv$$

$$= \lim_{h \to 0} h^{-n} \sigma_N(\Delta_h^n f; x)$$

[wo $\sigma_N(g; x) = \dfrac{2}{\pi N} \displaystyle\int_{-\infty}^{\infty} y^{-2} \sin^2 \dfrac{Ny}{2}\, g(x - y)\, dy$ die N-ten Fejérmittel der Funktion g bedeuten. Vergleiche auch Faltung von g mit dem in (1.06) transformierten Kern].

Benutzt man den Faltungssatz 1.4 und die Voraussetzung, so gilt

$$\|h^{-n} \sigma_N(\Delta_h^n f; \cdot)\|_p \leq |h|^{-n} \|\Delta_h^n f\|_p = O(1).$$

Nun wendet man das Lemma von Fatou an, und es folgert aus der Eigenschaft

$$\left\|\frac{1}{\sqrt{2\pi}} \int_{-N}^{N} \left(1 - \frac{|v|}{N}\right) (iv)^n f^{\wedge}(v)\, e^{ixv}\, dv\right\|$$

$$\leq \liminf_{h \to 0} |h|^{-n} \|\sigma_N(\Delta_h^n f; \cdot)\|_p = O(1)$$

gleichmäßig in $N > 0$ mit dem Darstellungssatz 1.9 von H. Cramér die Aussage a)[6].

Gibt man $(-i \operatorname{sgn} v) (iv)^n f^{\wedge}(v)$ als Fouriertransformierte vor, so läßt sich auf Grund der Signumregel 2.7 für $p > 1$ ein analoger Satz beweisen.

Satz 4.2   *Ist* $f \in L^p(E)$, $1 < p \leq 2$, *so sind für* $n = 1, 2, \ldots$ *folgende Aussagen äquivalent* :

a) *Es existiert ein* $g \in L^p(E)$, $1 < p \leq 2$, *mit* $(-i \operatorname{sgn} v) (iv)^n f^{\wedge}(v) = g^{\wedge}(v)$ *f.ü.* ;

b) $f^{\sim}, \ldots, (f^{\sim})^{(n-1)} \in AC(E)$ *und* $(f^{\sim})^{(n)} \in L^p(E)$;

c) $(f^{\sim})^{(n-1)} \in \operatorname{Lip}(1, p)$;

d) $\|\Delta_h^n f^{\sim}\|_p = O(|h|^n)$.

Denn nach Satz 2.7 läßt sich Bedingung a) vermöge $[f^{\sim}]^{\wedge}(v) = (-i \operatorname{sgn} v) f^{\wedge}(v)$ *f.ü.* umschreiben in

a') *Es existiert ein* $g \in L^p(E)$, $1 < p \leq 2$ *mit* $(iv)^n [f^{\sim}]^{\wedge}(v) = g^{\wedge}(v)$ *f.ü.*

Ersetzt man in Satz 4.1 f durch $f^{\sim}$, so ist mit Lemma 2.2 alles bewiesen.

Der Fall $p = 1$ ist schwieriger, da aus $f \in L^1(E)$ nicht $f^{\sim} \in L^1(E)$ folgt. Die Implikation a) $\Rightarrow$ b) des folgenden Satzes hat J. L. B. Cooper [1] bewiesen; die Beweisidee der Aussage d) $\Rightarrow$ a) stammt von Dr. H. Berens.

---

[6] Die Gleichheit für alle v im Falle $p = 1$ gilt wegen der Stetigkeit von $f^{\wedge}$ und $\mu^{\vee}$. Sie wird jedoch im folgenden aus Vereinfachungsgründen meist nicht mehr erwähnt.

Satz 4.3   *Sei $f \in \mathsf{L}^1(E)$. Die folgenden Aussagen sind für $n = 1, 2, \ldots$ äquivalent:*

a) *Es existiert ein $\mu \in \mathsf{NBV}(E)$ mit $(-i \operatorname{sgn} v)(iv)^n f^{\widehat{\ }}(v) = \mu^{\vee}(v)$;*

b) *$f^{\sim}, \ldots, (f^{\sim})^{(n-2)} \in \mathsf{AC}(E)$ und $(f^{\sim})^{(n-1)} \in \mathsf{NBV}(E)$;*

c) *$(f^{\sim})^{(n-1)} \in \operatorname{Lip}(1, 1)$;*

d) *$\Delta_h^n f^{\sim} \in \mathsf{L}^1(E)$ für jedes feste $h \neq 0$ und $\|\Delta_h^n f^{\sim}\|_1 = O(|h|^n)$.*

Als Beweisform soll auch hier der Ringschluß angewendet werden.

a) $\Rightarrow$ b):
Betrachtet man den Fall $n = 1$, so ist $|v| f^{\widehat{\ }}(v) = \mu^{\vee}(v)$ mit $\mu \in \mathsf{NBV}(E)$ vorausgesetzt. Es gilt nach Lemma 2.8

$$f^{\sim}(x) = \lim_{N \to \infty} \frac{1}{\sqrt{2\pi}} \int_{-N}^{N} \left(1 - \frac{|v|}{N}\right) (-i \operatorname{sgn} v) f^{\widehat{\ }}(v)\, e^{ixv}\, dv \quad f.\ddot{u}.$$

und somit nach (4.01)

$$(4.06) \qquad f^{\sim}(x + h) - f^{\sim}(x)$$

$$= \lim_{N \to \infty} \frac{1}{\sqrt{2\pi}} \int_{-N}^{N} \left(1 - \frac{|v|}{N}\right) (-i \operatorname{sgn} v)(e^{ihv} - 1) \frac{\mu^{\vee}(v)}{|v|}\, e^{ixv}\, dv$$

$$= \lim_{N \to \infty} \frac{1}{\sqrt{2\pi}} \int_{-N}^{N} \left(1 - \frac{|v|}{N}\right) \left(\frac{e^{ihv} - 1}{iv}\right) \mu^{\vee}(v)\, e^{ixv}\, dv$$

$$= \mu(x + h) - \mu(x) \quad f.\ddot{u}.$$

Aus der Voraussetzung $f^{\widehat{\ }}(v) = |v|^{-1} \mu^{\vee}(v) \in \mathsf{L}^2(E)$ schließt man $f \in \mathsf{L}^1 \cap \mathsf{L}^2(E)$ und somit nach Lemma 2.2 $f^{\sim} \in \mathsf{L}^2(E)$. Integriert man von 0 bis x und läßt $h \to -\infty$ streben, so ergibt sich wie im Beweis zu Satz 4.1 $\int_0^x f^{\sim}(u)\, du = \int_0^x du \int_{-\infty}^u d\mu(u_1)$.

Aus $f^{\sim}(x) = \int_{-\infty}^x d\mu(u)$ $f.\ddot{u}.$ folgt für $n = 1$ die Behauptung. Für $n \geqq 2$ gilt wieder nach Lemma 2.8

$$f^{\sim}(x) = \lim_{N \to \infty} \frac{1}{\sqrt{2\pi}} \int_{-N}^{N} \left(1 - \frac{|v|}{N}\right) (-i \operatorname{sgn} v) f^{\widehat{\ }}(v)\, e^{ixv}\, dv$$

$$= \lim_{N \to \infty} \frac{1}{\sqrt{2\pi}} \int_{-N}^{N} \left(1 - \frac{|v|}{N}\right) \frac{\mu^{\vee}(v)}{(iv)^n}\, e^{ixv}\, dv$$

$$= \frac{1}{\sqrt{2\pi}} \int_{-\infty}^{\infty} \frac{\mu^{\vee}(v)}{(iv)^n}\, e^{ixv}\, dv \quad f.\ddot{u}.,$$

da $(iv)^{-n} \mu^{\vee}(v) \in \mathsf{L}^1(E)$, $n \geqq 2$. Mit (4.03) folgt aus

$$(4.07) \qquad f^{\sim}(x) = \frac{1}{\sqrt{2\pi}} \int_{-\infty}^{\infty} \frac{\mu^{\vee}(v)}{(iv)^n}\, e^{ixv}\, dv = \int_{-\infty}^{x} dx_1 \ldots \int_{-\infty}^{x_{n-1}} d\mu(x_n) \quad f.\ddot{u}.$$

die Aussage b) für $n \geqq 2$.

Die Beweisschritte b) $\Rightarrow$ c) $\Rightarrow$ d) ergeben sich aus Satz 4.1, wenn f durch $f^{\sim}$ ersetzt wird.

d) $\Rightarrow$ a):

Die Voraussetzungen der Signumregel 2.7 sind wegen der Linearität der Hilberttransformation und der Aussage d) erfüllt, da $(\Delta_h^n f)^{\sim}(x) = \Delta_h^n f^{\sim}(x) \in \mathsf{L}^1(E)$ und da $f \in \mathsf{L}^1(E)$, $\Delta_h^n f \in \mathsf{L}^1(E)$ ist; d. h. es gilt

$$[\Delta_h^n f^{\sim}]^{\,\hat{}}\,(v) = (-i \operatorname{sgn} v)\,[\Delta_h^n f]^{\,\hat{}}\,(v) = (-i \operatorname{sgn} v)\,(e^{ihv} - 1)^n f^{\,\hat{}}\,(v) \quad f.\ddot{u}.$$

Somit ist $\lim\limits_{h \to 0} h^{-n}[\Delta_h^n f^{\sim}]^{\,\hat{}}\,(v) = (-i \operatorname{sgn} v)\,(iv)^n f^{\,\hat{}}\,(v)$ gleichmäßig für $|v| \leqq N$, $N > 0$ beliebig, und

$$|(-i \operatorname{sgn} v)\,(iv)^n f^{\,\hat{}}\,(v)| = \lim\limits_{h \to 0} |(-i \operatorname{sgn} v)\,h^{-n}(e^{ihv} - 1)^n f^{\,\hat{}}\,(v)|$$

$$\leqq \lim\limits_{h \to 0} |h|^{-n}\,\|\Delta_h^n f^{\sim}\|_1 = O(1).$$

Eine Wiederholung der Beweismethode d) $\Rightarrow$ a) des Satzes 4.1 führt zur Aussage a).

Bemerkung: Wie aus den Beweisschritten c) $\Rightarrow$ d) $\Rightarrow$ a) in den Sätzen 4.1, 4.2 und 4.3 zu ersehen ist, genügt es, in Satz 4.1 statt $f^{(n-1)} \in \operatorname{Lip}(1, p)$ die schwächere Aussage $\liminf\limits_{h \to 0} |h|^{-1}\,\|f^{(n-1)}(\cdot + h) - f^{(n-1)}(\cdot)\|_p < +\infty$ und somit statt $\|\Delta_h^n f\|_p = O(|h|^n)$ $\liminf\limits_{h \to 0} |h|^{-n}\,\|\Delta_h^n f\|_p < +\infty$ zu fordern, und analog in den Sätzen 4.2 und 4.3 die Aussagen c) und d) durch

c') $\liminf\limits_{h \to 0} |h|^{-1}\,\|(f^{\sim})^{(n-1)}(\cdot + h) - (f^{\sim})^{(n-1)}(\cdot)\|_p < +\infty$,

d') $\liminf\limits_{h \to 0} |h|^{-n}\,\|\Delta_h^n f^{\sim}\|_p < +\infty$

zu ersetzen.

4.2 Verallgemeinerungen

Die Beziehung zwischen den Fouriertransformierten in Satz 4.1 ist von P. L. BUTZER [3] untersucht worden. Da nach den Lemmata 2.2 und 2.3 die Hilberttransformation den Raum $\mathsf{L}^p(E)$ für $p > 1$ eineindeutig auf sich abbildet, ist auch die Aussage a) des Satzes 4.2 hinreichend charakterisiert. Als interessanter Fall bleibt in diesem Zusammenhang Satz 4.3. Ist nämlich μ absolut stetig, d. h. $\mu' = g \in \mathsf{L}^1(E)$, so gilt

Satz 4.4 *Ist $f, g \in \mathsf{L}^1(E)$, so sind für $n = 1, 2, \ldots$ folgende Aussagen äquivalent:*

1) $(-i \operatorname{sgn} v)\,(iv)^n f^{\,\hat{}}\,(v) = g^{\,\hat{}}\,(v)$;

2) $f^{\sim}, \ldots, (f^{\sim})^{(n-1)} \in \mathsf{AC}(E)$ *und* $(f^{\sim})^{(n)}(x) = g(x)$ *f.ü.*;

3) $\Delta_h^n f^{\sim} \in \mathsf{L}^1(E)$ *für jedes feste* $h \neq 0$ *und* $\lim\limits_{h \to 0} \|h^{-n}\Delta_h^n f^{\sim}(\cdot) - g(\cdot)\|_1 = 0$.

Setzt man in (4.07) $d\mu(x_n) = g(x_n)\,dx_n$, so folgt aus 1) unmittelbar 2). Setzt man 2) voraus, so gilt für die Differenz

$$\Delta_h^n f^{\sim}(x) = \int\limits_x^{x+h} dx_1 \int\limits_{x_1}^{x_1+h} dx_2 \ldots \int\limits_{x_{n-1}}^{x_{n-1}+h} g(x_n)\,dx_n$$

$$= \int\limits_0^h dx_1 \int\limits_0^h dx_2 \ldots \int\limits_0^h g(x + x_1 + \cdots + x_n)\,dx_n,$$

woraus mit Lemma 1.5 $\Delta_h^n f^\sim \in L^1(E)$ für jedes feste $h \neq 0$ folgt. Somit ist

$$\|h^{-n}\Delta_h^n f(\cdot) - g(\cdot)\|_1 = \|h^{-n} \int\limits_0^h dx_1 \ldots \int\limits_0^h \{g(\cdot + x_1 + \cdots + x_n) - g(\cdot)\}\, dx_n\|_1$$

$$\leq |h|^{-n} \int\limits_0^{|h|} dx_1 \ldots \int\limits_0^{|h|} \sup_{0 \leq |x_i| \leq |h|} \|g(\cdot + x_1 + \cdots + x_n) - g(\cdot)\|_1\, dx_n = o(1)$$

für $h \to 0$ auf Grund der Stetigkeit im Mittel von $g \in L^1(E)$. Gilt 3), so folgt mit der Signumregel und dem Lemma von Fatou für jedes v wie im Beweis d) $\Rightarrow$ a) im Satz 4.3

$$|(-i\operatorname{sgn} v)(iv)^n f^{\,\hat{}}(v) - g^{\,\hat{}}(v)| = \lim_{j \to \infty} |h_j^{-n}(-i\operatorname{sgn} v)(e^{ih_j v} - 1)^n f^{\,\hat{}}(v) - g^{\,\hat{}}(v)|$$

$$= \lim_{j \to \infty} |h_j^{-n}[\Delta_{h_j}^n f^\sim]^{\,\hat{}}(v) - g^{\,\hat{}}(v)| \leq \liminf_{j \to \infty} \frac{1}{\sqrt{2\pi}} \|h_j^{-n}\Delta_{h_j}^n f^\sim(\cdot) - g(\cdot)\|_1 = 0.$$

Setzt man in Satz 4.4 $g(x) = 0$ $f.\ddot{u}.$, so erhält man als

Folgerung 4.5 *Ist $f \in L^1(E)$, so sind folgende Aussagen äquivalent:*

1) $f^\sim, \ldots, (f^\sim)^{(n-2)} \in AC(E)$ *mit* $\liminf\limits_{h \to 0} \|h^{-1}\Delta_h(f^\sim)^{(n-1)}\|_1 = 0$;

2) $\Delta_h^n f^\sim \in L^1(E)$ *für jedes feste $h \neq 0$ und* $\liminf\limits_{h \to 0} \|h^{-n}\Delta_h^n f^\sim\|_1 = 0$;

3) $f(x) = 0$ $f.\ddot{u}.$ *und somit* $f^\sim(x) = 0$ $f.\ddot{u}.$

Selbstverständlich gelten zu Satz 4.4 und Folgerung 4.5 entsprechende Sätze auch für $1 < p \leq 2$.

In Satz 4.4 wurde μ als absolut stetig vorausgesetzt. Dann läßt sich zeigen, daß $h^{-n}\Delta_h^n f^\sim$ in der L^1-Norm gegen die n-te Ableitung von $f^\sim$ konvergiert. Schwächt man nun die Bedingung an μ ab, so kann man keine Normkonvergenz mehr erwarten; vielmehr läßt sich nun die schwache* Konvergenz von $h^{-n}\Delta_h^n f$ gegen μ beweisen, wo μ ein endliches Maß ist. Es gilt

Satz 4.6 *Für $f \in L^1(E)$ und $n = 1, 2, \ldots$ sind folgende Aussagen äquivalent:*

1) *Es existiert ein $\mu \in NBV(E)$ mit $(-i\operatorname{sgn} v)(iv)^n f^{\,\hat{}}(v) = \mu^{\,\check{}}(v)$;*

2) *Für jedes feste $h \neq 0$ ist $\Delta_h^n f^\sim \in L^1(E)$, und es existiert ein $\mu \in NBV(E)$ mit*

$$\lim_{h \to 0} \int\limits_{-\infty}^{\infty} h^{-n}\Delta_h^n f^\sim(x)\, \psi(x)\, dx = \int\limits_{-\infty}^{\infty} \psi(x)\, d\mu(x) \qquad \text{für alle } \psi \in C_0(E);$$

3) $\Delta_h^n f^\sim \in L^1(E)$, $h \neq 0$ *und* $\|h^{-n}\Delta_h^n f^\sim\|_1 = O(1)$.

Der Beweisschritt 3) $\Rightarrow$ 1) wurde im Satz 4.3 durchgeführt. Gilt nun 1), so ersieht man aus (4.07) die Darstellung

$$\Delta_h^n f^\sim(x) = \int\limits_x^{x+h} dx_1 \ldots \int\limits_{x_{n-1}}^{x_{n-1}+h} d\mu(x_n).$$

Da $\mu \in \mathrm{NBV}(E)$, gilt wiederum nach dem Faltungssatz 1.4: $\Delta_h^n f^{\sim} \in \mathrm{L}^1(E)$ für jedes $h \neq 0$, und das n-fach iterierte Integral konvergiert absolut. Somit sind im folgenden beliebige Vertauschungen der Integrationsfolge nach Fubini–Saks gerechtfertigt. Für alle $\psi \in \mathrm{C}_0(E)$ haben nachfolgende Integrale einen Sinn. Es gilt

$$
\int_{-\infty}^{\infty} \Delta_h^n f^{\sim}(x)\, \psi(x)\, dx = \int_{-\infty}^{\infty} \psi(x)\, dx \int_0^h dx_1 \ldots \int_{x+\cdots+x_{n-1}}^{x+\cdots+x_{n-1}+h} d\mu(x_n)
$$

$$
= \int_0^h dx_1 \ldots \int_0^h dx_{n-1} \int_{-\infty}^{\infty} \psi(x - x_1 - \cdots - x_{n-1}) \int_x^{x+h} d\mu(x_n)
$$

$$
= \int_0^h dx_1 \ldots \int_0^h dx_{n-1} \int_{-\infty}^{\infty} d\mu(x_n) \int_{x_n-h}^{x_n} \psi(x - x_1 - \cdots - x_{n-1})\, dx
$$

$$
= \int_{-\infty}^{\infty} d\mu(x_n) \int_0^h dx_1 \ldots \int_0^h dx_{n-1} \int_0^h \psi(x + x_n - h - x_1 - \cdots - x_{n-1})\, dx .
$$

Da

$$
\lim_{h \to 0} h^{-n} \int_0^h dx_1 \ldots \int_0^h \psi(x + x_n - h - x_1 - \cdots - x_{n-1})\, dx = \psi(x_n)
$$

und da

$$
\left| h^{-n} \int_0^h dx_1 \ldots \int_0^h \psi(x + x_n - h - x_1 - \cdots - x_{n-1})\, dx \right| \leq \|\psi\|_{\mathrm{C}}
$$

eine bezüglich des Maßes μ absolut über E integrierbare Funktion ist, folgt mit dem Satz von Lebesgue über majorisierte Konvergenz bei Stieltjes-Integralen

$$
\lim_{h \to 0} h^{-n} \int_{-\infty}^{\infty} \Delta_h^n f^{\sim}(x)\, \psi(x)\, dx = \int_{-\infty}^{\infty} \psi(x)\, d\mu(x) \qquad (\psi \in \mathrm{C}_0(E)) .
$$

Man zeigt die Implikation 2) $\Rightarrow$ 3) (z. B. P. L. Butzer – R. J. Nessel [2; p. 530]), indem man den Satz über die gleichmäßige Beschränktheit von Operatoren (siehe A. Taylor [1; p. 205]) und den Darstellungssatz von F. Riesz für beschränkte lineare Funktionale auf $\mathrm{C}_0(E)$ benutzt.

Mit dem bisherigen läßt sich der Satz 2.5 von Privalov für $\alpha = 1$ auf höhere Ableitungen erweitern. Außerdem ergibt sich ein Analogon für den Fall $p = 1$ zu Lemma 2.4 unter der zusätzlichen Bedingung $f^{(k)} \in \mathrm{Lip}\,(1, 1)$.

Satz 4.7 *Ist* $f \in \mathrm{L}^1(E)$, $f, \ldots, f^{(n-2)} \in \mathrm{AC}(E)$ *und* $f^{(n-1)} \in \mathrm{Lip}\,(1, 1)$, *so sind* $f^{\sim}, \ldots, (f^{\sim})^{(n-2)} \in \mathrm{AC}(E)$, $(f^{\sim})^{(n-1)} \in \mathrm{Lip}^*(1, 1)$ *und*

$$
H_0(f^{(n-1)})(x) = (H_0 f)^{(n-1)}(x) \quad f.\ddot{u}.
$$

Beweis: Dem Satz 4.1 entnimmt man: $(iv)^n f^{\wedge}(v)$ ist Fourier-Stieltjestransformierte; nach Satz 1.12 ist mithin $f^{(n-1)} \in \mathrm{L}^1(E)$ und wiederum nach Satz 4.1 ist $(iv)^{n-1} f^{\wedge}(v) = [f^{(n-1)}]^{\wedge}(v) = (iv)^{-1} \mu^{\vee}(v) \in \mathrm{L}^2(E)$. Da offensichtlich $f^{\wedge}(v) = (iv)^{-n} \mu^{\vee}(v) \in \mathrm{L}^2(E)$, sind $f, f^{(n-1)} \in \mathrm{L}^2(E)$ und somit nach Lemma 2.4 $f^{\sim}, (f^{\sim})^{(n-1)} \in \mathrm{L}^2(E)$ mit $(f^{\sim})^{(n-1)}(x) = (f^{(n-1)})^{\sim}(x)$ $f.\ddot{u}.$ Mit Satz 2.5 folgt demnach $\|\Delta_h^2(f^{\sim})^{(n-1)}\|_1 = \|\Delta_h^2(f^{(n-1)})^{\sim}\|_1 = O(|h|)$ und hieraus der Rest der Behauptung.

Den folgenden Satz kann man in gewissem Sinne als Umkehrung von Satz 4.7 bezeichnen.

Satz 4.8   *Ist* $f \in \mathsf{L}^1(E)$ *und* $f^{\sim}, \ldots, (f^{\sim})^{(n-2)} \in \mathsf{AC}(E)$ *mit* $(f^{\sim})^{(n-1)} \in \mathrm{Lip}\,(1,1)$, *so folgt:* $f, \ldots, f^{(n-2)} \in \mathsf{AC}(E), f^{(n-1)} \in \mathsf{L}^1(E) \cap \mathrm{Lip}^*\,(1,1)$ *und*

$$H_0(f^{(n-1)})\,(x) = (H_0 f)^{(n-1)}\,(x) \quad f.\,\ddot{u}.$$

Natürlich wäre Satz 4.8 im Falle $f \in \mathsf{L}^p(E)$, $p > 1$ trivial, da dann $(f^{\sim})^{\sim} \in \mathsf{L}^p(E)$ ist. Jedoch für $p = 1$ und im einfachen Falle $n = 1$ sagt er aus, daß aus $f \in \mathsf{L}^1(E)$ mit $f^{\sim} \in \mathrm{Lip}\,(1,1)$ folgt $f \in \mathrm{Lip}^*\,(1,1)$.

Zum Beweise wird Satz 4.3 benötigt. Hiernach ist die Voraussetzung äquivalent dazu, daß $(-i \operatorname{sgn} v)\,(iv)^n f^{\wedge}\,(v)$ eine Fourier-Stieltjestransformierte ist. Hieraus folgt $f, f^{\sim} \in \mathsf{L}^2(E)$. Nach (4.07) gilt

$$\Delta_h^n f^{\sim}\,(x) = \int\limits_{x}^{x+h} dx_1 \ldots \int\limits_{x_{n-1}}^{x_{n-1}+h} d(f^{\sim})^{(n-1)}\,(x_n).$$

Die zu Satz 4.3 beim Beweis 3) $\Rightarrow$ 1) analoge Argumentation liefert die Beziehung

$$[\Delta_h^n f^{\sim}]^{\wedge}\,(v) = (-i \operatorname{sgn} v)\,(e^{ihv} - 1)^n f^{\wedge}\,(v) = (iv)^{-n}\,(e^{ihv} - 1)^n\,[(f^{\sim})^{(n-1)}]^{\vee}\,(v) \quad f.\,\ddot{u}.$$

oder $(iv)^{n-1} f^{\wedge}\,(v) = -\,|v|^{-1}[(f^{\sim})^{(n-1)}]^{\vee}\,(v) = g^{\wedge}\,(v) \in \mathsf{L}^2(E)$.

Nach Satz 4.1 ist $g = f^{(n-1)} \in \mathsf{L}^2(E)$. Lemma 2.4 gibt dann $(f^{\sim})^{(n-1)} \in \mathsf{L}^2(E)$ und $H_0(f^{(n-1)})\,(x) = (H_0 f)^{(n-1)}\,(x)$ $f.\,\ddot{u}.$ Läßt sich $f^{(n-1)} \in \mathrm{Lip}^*\,(1,1)$ zeigen, so folgt unmittelbar $\|\Delta_h^{n+1} f\|_1 = O(|h|^n)$ und hieraus mit dem Halbgruppensatz 1.10 $f^{(n-1)} \in \mathsf{L}^1(E)$. Es bleibt also noch übrig zu beweisen $f^{(n-1)} \in \mathrm{Lip}^*\,(1,1)$. Sei $h > 0$ und fest gewählt. Da $f^{(n-1)}, (f^{\sim})^{(n-1)} \in \mathsf{L}^2(E)$, gilt nach Lemma 2.3 und Lemma 2.4

$$f^{(n-1)}(x) = -\,\mathrm{PV}\,\frac{1}{\pi}\,\int\limits_{-\infty}^{\infty} (x - t)^{-1}(f^{\sim})^{(n-1)}\,(t)\,dt \quad f.\,\ddot{u}.$$

Mit der Bezeichnungsweise $Q_h(f^{\sim}; x) = -\,(1/\pi)\,\int\limits_{-\infty}^{\infty} t(t^2 + h^2)^{-1} f^{\sim}\,(x - t)\,dt$ folgt für $(h > 0)$

$$Q_h(\Delta_h(f^{\sim})^{(n-1)}; x) - \Delta_h f^{(n-1)}(x)$$

$$= -\,\mathrm{PV}\,\frac{1}{\pi}\,\int\limits_{-\infty}^{\infty} \{t^{-1} - t(t^2 + h^2)^{-1}\}\,\Delta_h\,(f^{\sim})^{(n-1)}\,(x - t)\,dt$$

$$= (h^2/\pi)\,\int\limits_{0}^{\infty} \{t(t^2 + h^2)\}^{-1}\,\{\bar{\Delta}_t(f^{\sim})^{(n-1)}(x) - \bar{\Delta}_t(f^{\sim})^{(n-1)}(x + h)\}\,dt \quad f.\,\ddot{u}.$$

Da $(f^{\sim})^{(n-1)} \in \mathrm{Lip}\,(1,1)$, existiert die Differenz in der L^1-Norm und

$$\|Q_h(\Delta_h(f^{\sim})^{(n-1)}; \cdot) - \Delta_h f^{(n-1)}(\cdot)\|_1$$

$$\leq (1/\pi)\,\int\limits_{0}^{\infty} \{t(t^2 + 1)\}^{-1}\,\{\|\bar{\Delta}_{ht}(f^{\sim})^{(n-1)}(\cdot)\|_1 + \|\bar{\Delta}_{ht}(f^{\sim})^{(n-1)}(\cdot + h)\|_1\}\,dt$$

$$= O(h \int\limits_{0}^{\infty} (t^2 + 1)^{-1}\,dt) = O(h).$$

Wegen

$$Q_h(\bar{\Delta}_h^2(f^{\smile})^{n-1}; x) = -(1/\pi) \int_{-\infty}^{\infty} t(t^2 + h^2)^{-1} \bar{\Delta}_h^2(f^{\smile})^{(n-1)}(x - t)\, dt$$

$$= (1/\pi) \int_{-\infty}^{\infty} \left\{ \frac{t + h}{(t + h)^2 + h^2} - \frac{t}{t^2 + h^2} \right\} \Delta_{-h}(f^{\sim})^{(n-1)}(x - t)\, dt$$

$$= (1/\pi) \int_{-\infty}^{\infty} \frac{h^3 - h^2 t - h t^2}{(t^2 + h^2)\{(t + h)^2 + h^2\}} \Delta_{-h}(f^{\sim})^{(n-1)}(x - t)\, dt$$

$$= (1/\pi) \int_{-\infty}^{\infty} \frac{1 - t - t^2}{(t^2 + 1)\{(t + 1)^2 + 1\}} \Delta_{-h}(f^{\sim})^{(n-1)}(x - h t)\, dt$$

ist

$$\|Q_h(\bar{\Delta}_h^2(f^{\sim})^{(n-1)}; \cdot)\|_1 = O\left(h \int_{-\infty}^{\infty} |1 - t - t^2|\, \{(t^2 + 1)((t + 1)^2 + 1)\}^{-1}\, dt\right) = O(h).$$

Mit der gewöhnlichen Minkowski-Ungleichung folgt somit

$$\|\bar{\Delta}_h^2 f^{(n-1)}\|_1 \leq \|Q_h(\Delta_h(f^{\sim})^{(n-1)}; \cdot) - \Delta_h f^{(n-1)}\|_1$$

$$+ \|Q_h(\Delta_{-h}(f^{\sim})^{(n-1)}; \cdot) - \Delta_{-h} f^{(n-1)}\|_1$$

$$+ \|Q_h(\bar{\Delta}_h^2(f^{\sim})^{(n-1)}; \cdot)\|_1 = O(h),$$

und hieraus $f^{(n-1)} \in \mathrm{Lip}^*(1, 1)$.

Zu bemerken ist, daß für ungerade n Satz 1.12 die Behauptung des Satzes 4.8 sofort ergibt, wenn man von der Vertauschbarkeit von Differentiation und Hilberttransformation absieht.

Mit Hilfe der Sätze 4.1, 4.3, 4.7 und 4.8 sind für $p = 1$ und ganzzahlige Exponenten zu den Folgerungen 2.12, 2.13 und 2.14 analoge Versionen bewiesen, die nun formuliert werden sollen.

Folgerung 4.9 *Aus $f \in \mathsf{L}^1(E)$ und $|v|^n f^{\wedge}(v) = \mu^{\smile}(v)$ $(\mu \in \mathsf{NBV}(E))$, $n = 1, 2, \ldots$, folgt $f^{\sim}, \ldots, (f^{\sim})^{(n-2)} \in \mathsf{AC}(E), f^{\sim}, (f^{\sim})^{(n-1)} \in \mathsf{L}^2(E)$ und $(f^{\sim})^{(n-1)} \in \mathrm{Lip}^*(1, 1)$.*

Folgerung 4.10 *Aus $f \in \mathsf{L}^1(E)$ und $(-i\, \mathrm{sgn}\, v)\, |v|^n f^{\wedge}(v) = \mu^{\smile}(v)$ $(\mu \in \mathsf{NBV}(E))$, $n = 1, 2, \ldots$, folgt $f^{\sim}, \ldots, (f^{\sim})^{(n-2)} \in \mathsf{AC}(E),\ f^{\sim},\ (f^{\sim})^{(n-1)} \in \mathsf{L}^2(E)$ und $(f^{\sim})^{(n-1)} \in \mathrm{Lip}^*(1, 1)$.*

Folgerung 4.11 *Aus $f \in \mathsf{L}^1(E)$ und $(-i\, \mathrm{sgn}\, v)\, |v|^n f^{\wedge}(v) = \mu^{\smile}(v)$ $(\mu \in \mathsf{NBV}(E))$, $n = 1, 2, \ldots$, folgt $f, \ldots, f^{(n-2)} \in \mathsf{AC}(E), f^{(n-1)} \in \mathsf{L}^1(E) \cap \mathrm{Lip}^*(1, 1)$.*

Für nichtganze Exponenten werden entsprechende Folgerungen am Anfang des nächsten Abschnittes gezogen.

Ableitungen konjugiert gebrochener Integrale

Wie sich in Abschnitt 4 die gewöhnliche Integrationstheorie zur Lösung der dortigen Problemstellung anbot, so ist hier bei analoger Fragestellung die in Abschnitt 3 kurz dargelegte Erweiterung auf gebrochene Integration von Nutzen. Insbesondere erweisen sich die in Lemma 3.11 eingeführten Funktionen $m_{1,\beta}(t)$, $m_{2,\beta}(t)$ als zweckmäßige Hilfsmittel. Hier sollen zunächst für nicht ganzzahlige Exponenten die Folgerungen 2.12, 2.13 und 2.14 auf den Fall $p = 1$ übertragen werden.

5.1 Eine Charakterisierung der Klassen V_α^p, $\tilde{V}_\alpha^p$

Wir gehen von den Beziehungen $|v|^\alpha f^{\wedge}(v) = \mu^{\vee}(v)$ bzw. $(-i\,\mathrm{sgn}\,v)\,|v|^\alpha f^{\wedge}(v) = \mu^{\vee}(v)$ aus, wo $f \in \mathsf{L}^1(E)$, $\mu \in \mathsf{NBV}(E)$, $0 < \alpha \neq [\alpha]$, und zeigen, daß sich die $[\alpha]$-te Ableitung der Hilberttransformierten $f^{\sim}$ als gebrochenes Integral der Ordnung $\alpha - [\alpha]$ einer Funktion von beschränkter Variation darstellen läßt; hieraus folgt dann unmittelbar $(f^{\sim})^{([\alpha])} \in \mathrm{Lip}\,(\alpha - [\alpha], 1)$. Für $0 < \alpha < 1$ und $|v|^\alpha f^{\wedge}(v) = \mu^{\vee}(v)$ gelangt J. L. B. COOPER [1] zu einer ähnlichen Darstellung.

Satz 5.1　　*Ist $f \in \mathsf{L}^1(E)$, $\mu \in \mathsf{NBV}(E)$ und $0 < \alpha - [\alpha] = \beta$, so gilt $(i\,\mathrm{sgn}\,v)^{[\alpha]}\,|v|^\alpha f^{\wedge}(v) = \mu^{\vee}(v)$ genau dann, wenn $f, \ldots, f^{([\alpha]-1)} \in \mathsf{AC}(E)$, $f^{([\alpha])} \in \mathsf{L}^1(E)$ und $f^{([\alpha])}(x) = K_\beta\mu(x)$ f.ü.*

Wie im Beweis zu Satz 4.1 unterscheiden wir die Fälle $0 < \alpha < 1$ und $\alpha > 1$.

a) Ist $0 < \alpha < 1$, so gilt nach dem Faltungssatz 1.4 und Lemma 3.11

$$\frac{1}{\sqrt{2\pi}} \int_{-N}^{N} \left(1 - \frac{|v|}{N}\right) [\Delta_h K_\alpha\mu]^{\wedge}(v)\, e^{ixv}\, dv$$

$$= \frac{1}{\sqrt{2\pi}} \int_{-N}^{N} \left(1 - \frac{|v|}{N}\right) (e^{ihv} - 1)\, |v|^{-\alpha} \mu^{\vee}(v)\, e^{ixv}\, dv$$

$$= \frac{1}{\sqrt{2\pi}} \int_{-N}^{N} \left(1 - \frac{|v|}{N}\right) [\Delta_h f]^{\wedge}(v)\, e^{ixv}\, dv.$$

Da $\Delta_h K_\alpha\mu$, $\Delta_h f \in \mathsf{L}^1(E)$, folgt mit dem Lemma 1.3

$$(5.01) \qquad\qquad \Delta_h f(x) = \Delta_h K_\alpha\mu(x) \quad \text{f.ü.}$$

Integriert man (5.01) von 0 bis x und läßt $h \to \infty$ streben, so ist $\left| \int_{0}^{x} f(u + h)\, du \right|$

$\leq \int_{h}^{|x|+h} |f(u)|\, du = o(1)$ und nach Lemma 3.10 $\lim\limits_{h \to 0} \int_{0}^{x} K_\alpha\mu(u + h)\, du = 0$. Also gilt

für jedes endliche x $\int_{0}^{x} f(u)\, du = \int_{0}^{x} K_\alpha\mu(u)\, du$. Hieraus folgt die Behauptung für

$0 < \alpha < 1$.

b) Sei nun $\alpha > 1$. Nach dem Faltungssatz 1.5 ist

$$[\int\limits_{x}^{x+h} \Delta_{h_1} K_\beta\mu(x_1)\,dx_1]^{\,\hat{}}\,(v) = (iv)^{-1}\,(e^{ihv}-1)\,|v|^{[\alpha]-\alpha}(e^{ih_1 v}-1)\,\mu^{\,\check{}}\,(v).$$

Beachtet man, daß $|v|^{-\gamma}\mu^{\,\check{}}\,(v) \in \mathsf{L}^1(E)$, falls $1 < \gamma < \alpha + 1$, und benutzt die Umkehrformel (1.17), so folgt

$$\int\limits_{x}^{x+h} \Delta_{h_1} K_\beta\mu(x_1)\,dx_1 = \frac{1}{\sqrt{2\pi}} \int\limits_{-\infty}^{\infty} (iv)^{-1}(e^{ihv}-1)\,|v|^{[\alpha]-\alpha}(e^{ih_1 v}-1)\,\mu^{\,\check{}}\,(v)\,e^{ixv}dv.$$

Für $h_1 \to -\infty$ existiert links nach Teil a) dieses Beweises der Grenzwert, rechts nach dem Lemma 1.1 von Riemann-Lebesgue, da $(e^{ihv}-1)\,(iv)^{-1}\,|v|^{[\alpha]-\alpha}\mu^{\,\check{}}\,(v) \in \mathsf{L}^1(E)$. Es gilt somit

$$\int\limits_{x}^{x+h} K_\beta\mu(x_1)\,dx_1 = \frac{1}{\sqrt{2\pi}} \int\limits_{-\infty}^{\infty} (iv)^{-1}\,(e^{ihv}-1)\,|v|^{[\alpha]-\alpha}\mu^{\,\check{}}\,(v)\,e^{ixv}dv.$$

Da $(iv)^{-1}\,|v|^{[\alpha]-\alpha}\mu^{\,\check{}}\,(v) \in \mathsf{L}^1(E)$ folgt wiederum nach Lemma 1.1

$$\int\limits_{-\infty}^{x} K_\beta\mu(x_1)\,dx_1 = \frac{1}{\sqrt{2\pi}} \int\limits_{-\infty}^{\infty} (iv)^{-1}\,|v|^{[\alpha]-\alpha}\mu^{\,\check{}}\,(v)\,e^{ixv}dv.$$

Wiederholt man das unter (4.02) beschriebene Verfahren $([\alpha]-1)$-fach, so gelangt man auf Grund der Voraussetzung und der Umkehrformel (1.17) zu

$$(5.02) \qquad \int\limits_{-\infty}^{x} dx_1 \int\limits_{-\infty}^{x_1} dx_2 \ldots \int\limits_{-\infty}^{x_{[\alpha]-1}} K_\beta\mu(x_{[\alpha]})\,dx_{[\alpha]}$$

$$= \frac{1}{\sqrt{2\pi}} \int\limits_{-\infty}^{\infty} (iv)^{-[\alpha]}\,|v|^{[\alpha]-\alpha}\mu^{\,\check{}}\,(v)\,e^{ixv}dv$$

$$= \frac{1}{\sqrt{2\pi}} \int\limits_{-\infty}^{\infty} (i\,\mathrm{sgn}\,v)^{-[\alpha]}\,|v|^{-\alpha}\mu^{\,\check{}}\,(v)\,e^{ixv}dv = f(x) \quad f.\ddot{u}.$$

Demnach ist $f^{([\alpha])}(x) = K_\beta\mu(x)$ $f.\ddot{u}.$ Hieraus folgt

$$(5.03) \qquad \|\Delta_h f^{([\alpha])}\|_1 = \|m_{1,\beta} * \mu\|_1 \leqq \|\mu\|_{\mathsf{NBV}} \int\limits_{-\infty}^{\infty} |m_{1,\beta}(x)|\,dx = O(|h|^\beta)$$

also $\|\Delta_h^{[\alpha]+1} f\|_1 = O(|h|^\alpha)$ und somit, nach dem Halbgruppensatz 1.10, $f^{([\alpha])} \in \mathsf{L}^1(E)$.

Die Umkehrung folgt unmittelbar, da nach Satz 4.1 $(iv)^{[\alpha]} f^{\,\hat{}}\,(v) = [f^{([\alpha])}]^{\,\hat{}}\,(v)$ und nach Lemma 3.11 $(e^{ihv}-1)\,[f^{([\alpha])}]^{\,\hat{}}\,(v) = [\Delta_h f^{([\alpha])}]^{\,\hat{}}\,(v) = [\Delta_h K_\beta\mu]^{\,\hat{}}\,(v) = (e^{ihv}-1)\,|v|^{-\beta}\mu^{\,\check{}}\,(v)$.

Betrachtet man die Satz 5.1 entsprechende Version für H_α, dann folgt

Satz 5.2   *Ist $f \in \mathsf{L}^1(E)$, $\mu \in \mathsf{NBV}(E)$, so gilt $(i\,\mathrm{sgn}\,v)^{[\alpha]+1}\,|v|^\alpha f^{\,\hat{}}\,(v) = \mu^{\,\check{}}\,(v)$ genau dann, wenn $f, \ldots, f^{([\alpha]-1)} \in \mathsf{AC}(E)$, $f^{([\alpha])} \in \mathsf{L}^1(E)$ und $f^{([\alpha])}(x) = H_\beta\mu(x)$ $f.\ddot{u}.$, wo $0 < \alpha - [\alpha] = \beta$.*

Der Beweis läuft analog zu Satz 5.1. Man erhält, falls $0 < \alpha < 1$,

$$(5.04) \qquad \Delta_h f(x) = \Delta_h H_\alpha\mu(x) \quad f.\ddot{u}.$$

und hieraus $f(x) = H_\alpha\mu(x)$ $f.\ddot{u}.$

Für $\alpha > 1$ gilt

$$(5.05) \qquad \int\limits_{-\infty}^{x} dx_1 \ldots \int\limits_{-\infty}^{x_{[\alpha]-1}} H_\beta \mu(x_{[\alpha]})\, dx_{[\alpha]}$$

$$= \frac{1}{\sqrt{2\pi}} \int\limits_{-\infty}^{\infty} \frac{\mu^{\vee}(v)\, e^{ixv}}{(i\,\mathrm{sgn}\,v)^{[\alpha]+1}\,|v|^\alpha}\, dv = f(x) \quad f.\ddot{u}.$$

Da $f^{([\alpha])} \in \mathrm{Lip}\,(\beta, 1)$, folgt mit analoger Argumentation die direkte Richtung. Die Umkehrung ist genauso einfach wie in Satz 5.1.

Will man diese beiden Sätze auf $1 < p \leqq 2$ übertragen, d. h. sucht man eine äquivalente Charakterisierung der Klassen V_α^p, $\mathsf{V}_\alpha^{\sim p}$, so ist dies mit den gleichen Methoden möglich, wenn man den Exponentenbereich α durch $k < \alpha < k + 1/p$, $k = 0, 1, \ldots$ einschränkt. Auf eine exakte Formulierung sei hier verzichtet.

Aus den Sätzen 5.1 und 5.2 ergeben sich nun leicht hinreichende Bedingungen dafür, daß Ableitungen von f bzw. $f^{\sim}$ bestimmten Lipschitzklassen angehören.

Folgerung 5.3 *Aus* $f \in \mathsf{L}^1(E)$, $\mu \in \mathsf{NBV}(E)$ *und* $(-i\,\mathrm{sgn}\,v)\,|v|^\alpha f^{\wedge}(v) = \mu^{\vee}(v)$ $(0 < \alpha \neq [\alpha])$ *folgt*: $f, \ldots, f^{([\alpha]-1)} \in \mathsf{AC}(E)$ *und* $f^{([\alpha])} \in \mathsf{L}^1(E) \cap \mathrm{Lip}\,(\alpha - [\alpha], 1)$.

Folgerung 5.4 *Aus* $f \in \mathsf{L}^1(E)$, $\mu \in \mathsf{NBV}(E)$ *und* $|v|^\alpha f^{\wedge}(v) = \mu^{\vee}(v)$ $(0 < \alpha \neq [\alpha])$ *folgt*: $f^{\sim}, \ldots, (f^{\sim})^{([\alpha]-1)} \in \mathsf{AC}(E)$ *und* $(f^{\sim})^{([\alpha])} \in \mathrm{Lip}\,(\alpha - [\alpha], 1)$.

Beweis: Ist $0 < \alpha < 1$, so wende man auf (5.01) die Hilberttransformation an und benutze Formel (3.21):

$$\Delta_h f^{\sim}(x) = H_0(\Delta_h f)(x) = H_0(\Delta_h K_\alpha \mu)(x) = \Delta_h H_\alpha \mu(x) \quad f.\ddot{u}.$$

Hiermit folgt für die Differenz von $f^{\sim}$ in der L^1-Norm

$$\|\Delta_h f^{\sim}\|_1 \leqq \|m_{2,\alpha} * \mu\|_1 \leqq \|\mu\|_{\mathsf{NBV}} \|m_{2,\alpha}\|_1 = O(|h|^\alpha)$$

und hieraus die Behauptung der Folgerung 5.4.

Ist $\alpha > 1$, so benutze man Lemma 2.8 und (5.02), falls $2k + 1 < \alpha < 2(k + 1)$, bzw. (5.05), falls $2(k + 1) < \alpha < 2(k + 1) + 1$, $k = 0, 1, \ldots$. Aus der Darstellung von $f^{\sim}$ als $[\alpha]$-fach iteriertes Integral

$$\int\limits_{-\infty}^{x} dx_1 \ldots \int\limits_{-\infty}^{x_{[\alpha]-1}} K_\beta \mu(x_{[\alpha]})\, dx_{[\alpha]} = \frac{1}{\sqrt{2\pi}} \int\limits_{-\infty}^{\infty} (iv)^{-[\alpha]}\,|v|^{[\alpha]-\alpha} \mu^{\vee}(v)\, e^{ixv}\, dv$$

$$= \frac{(-1)^k}{\sqrt{2\pi}} \int\limits_{-\infty}^{\infty} (-i\,\mathrm{sgn}\,v)\, f^{\wedge}(v)\, e^{ixv}\, dv = (-1)^k f^{\sim}(x) \quad f.\ddot{u}.$$

bzw.

$$\int\limits_{-\infty}^{x} dx_1 \ldots \int\limits_{-\infty}^{x_{[\alpha]-1}} H_\beta \mu(x_{[\alpha]})\, dx_{[\alpha]} = \frac{1}{\sqrt{2\pi}} \int\limits_{-\infty}^{\infty} (-i\,\mathrm{sgn}\,v)\,(iv)^{-[\alpha]}\,|v|^{[\alpha]-\alpha} \mu^{\vee}(v)\, e^{ixv}\, dv$$

$$= \frac{(-1)^{k+1}}{\sqrt{2\pi}} \int\limits_{-\infty}^{\infty} (-i\,\mathrm{sgn}\,v)\, f^{\wedge}(v)\, e^{ixv}\, dv = (-1)^{k+1} f^{\sim}(x) \quad f.\ddot{u}.$$

folgt leicht die Behauptung.

Auf dem gleichen Wege beweist man

Folgerung 5.5 *Aus den Voraussetzungen von Folgerung 5.3 ergibt sich* $f^{\sim}, \ldots, (f^{\sim})^{([\alpha]-1)}$
$\in \mathsf{AC}(E)$ *und* $(f^{\sim})^{([\alpha])} \in \mathrm{Lip}\,(\alpha - [\alpha], 1)$.

Es bleibt noch der Fall $0 < \alpha < 1$ zu beweisen. Auf (5.04) wende man die Hilbert-transformation an: $\Delta_h f^{\sim}(x) = H_0(\Delta_h H_\alpha \mu)(x)$. Mit Lemma 2.3 und Formel (3.21) folgt $\Delta_h f^{\sim}(x) = H_0(H_0(\Delta_h K_\alpha \mu))(x) = - \Delta_h K_\alpha \mu(x)$, und hieraus wie in Folgerung 5.4 die Behauptung.

5.2 Eine Erweiterung der Ergebnisse aus Abschnitt 4.1

Die Sätze 5.1 und 5.2 stellen in gewisser Weise eine Übertragung der Aussagen a), b) der Sätze 4.1 und 4.3 auf den Fall $p = 1$ dar; nun wird versucht, die Äquivalenz der Aussagen a), c), d) in den Sätzen 4.1 bis 4.3 für nicht ganze $\alpha > 0$ zu zeigen. Hieraus ergeben sich analog zu den Sätzen 4.4, 4.5 und 4.6 Aussagen über Normkonvergenz und schwache* Konvergenz.
Als Schreibweise benutzen wir $K_\beta^h f(x) = m_{1,\beta} * f(x)$, $H_\beta^h f(x) = m_{2,\beta} * f(x)$. Ist $f \in \mathsf{L}^p(E)$, $p \geq 1$ und $0 < \beta < 1/p$, so läßt sich offensichtlich wegen der Sätze 3.6 und 3.10 $K_\beta^h f$ bzw. $H_\beta^h f$ schreiben: $K_\beta^h f(x) = \Delta_h K_\beta f(x)$ bzw. $H_\beta^h f(x) = \Delta_h H_\beta f(x)$, wohingegen für $\beta \geq 1/p$ im allgemeinen $K_\beta f$, $H_\beta f$ nicht zu existieren brauchen.

Satz 5.6 *Für* $f \in \mathsf{L}^p(E)$, $1 \leq p \leq 2$, $\alpha > 0$, $0 < \alpha - [\alpha] = \beta$ *sind folgende Aussagen äquivalent :*

a) $\left\| \int\limits_{-\infty}^{\infty} \chi^{\,\wedge}\!\left(\dfrac{v}{N}\right) (iv)^{[\alpha]} \, |v|^\beta f^{\,\wedge}(v) \, e^{ixv} dv \right\|_p = O(1)$ *gleichmäßig in* $N > 0$;

c) *es ist* $f, \ldots, f^{([\alpha])-1} \in \mathsf{AC}(E)$, $f^{([\alpha])} \in \mathsf{L}^p(E)$ *mit* $\|H_{1-\beta}^h f^{([\alpha])}\|_p = O(|h|)$;

d) $\|\Delta_h^{[\alpha]} H_{1-\beta}^h f\|_p = O(|h|^{[\alpha]+1})$;

e) $f^{([\alpha])} \in \mathsf{L}^p(E)$ *mit* $\|H_0(K_{1-\beta}^h f^{([\alpha])})\|_p = O(|h|)$;

f) $\|\Delta_h^{[\alpha]} H_0(K_{1-\beta}^h f)\|_p = O(|h|^{[\alpha]+1})$.

Ist insbesondere $1 < p \leq 2$, *so sind die Aussagen* a) *bis* f) *äquivalent zu*

g) $f^{([\alpha])} \in \mathsf{L}^p(E)$ *mit* $\|K_{1-\beta}^h f^{([\alpha])}\|_p = O(|h|)$;

h) $\|\Delta_h^{[\alpha]} K_{1-\beta}^h f\|_p = O(|h|^{[\alpha]+1})$;

i) *es ist* $f^{\sim}, \ldots, (f^{\sim})^{([\alpha]-1)} \in \mathsf{AC}(E)$, $(f^{\sim})^{([\alpha])} \in \mathsf{L}^p(E)$ *und* $\|K_{1-\beta}^h (f^{\sim})^{([\alpha])}\|_p = O(|h|)$;

j) $\|\Delta_h^{[\alpha]} K_{1-\beta}^h f^{\sim}\|_p = O(|h|^{[\alpha]+1})$.

Die Äquivalenz der Aussagen a), c), d) wird in Form eines Ringschlusses gezeigt. Die Aussagen e) bis j) sind mit Hilfe der Formel (3.20), der Lemmata 2.2, 2.3, 2.4, 2.10 und der Folgerung 2.11 zu a), c), d) äquivalent, wie unmittelbar einzusehen ist.

a) $\Rightarrow$ c):

Nach Satz 1.12 und den Folgerungen 2.13, 4.11 und 5.3 ist $f, \ldots, f^{([\alpha]-1)} \in \mathsf{AC}(E)$ und $f^{([\alpha])} \in \mathsf{L}^p(E)$, somit nach Satz 4.1 $(iv)^{[\alpha]} f^{\,\wedge}(v) = [f^{([\alpha])}]^{\,\wedge}(v)$ *f.ü.* Wendet man auf die Voraussetzung a) den Darstellungssatz 1.9 von H. Cramér an und benutzt Lemma 3.11, so folgt

$$\frac{1}{\sqrt{2\pi}} \int_{-N}^{N} \left(1 - \frac{|v|}{N}\right) [H^h_{1-\beta} f^{([\alpha])}]^{\widehat{\ }} (v)\, e^{ixv}\, dv$$

$$= \frac{1}{\sqrt{2\pi}} \int_{-N}^{N} \left(1 - \frac{|v|}{N}\right) (-i\,\mathrm{sgn}\, v)\, |v|^{\beta-1}\, (e^{ihv} - 1)\, (iv)^{[\alpha]} f^{\widehat{\ }}(v)\, e^{ixv}\, dv$$

$$= \frac{1}{\sqrt{2\pi}} \int_{-N}^{N} \left(1 - \frac{|v|}{N}\right) \frac{e^{ihv} - 1}{iv} \left\{ \begin{array}{l} \mu^{\vee}(v),\ p = 1 \\ g^{\widehat{\ }}(v),\ 1 < p \le 2 \end{array} \right\} e^{ixv}\, dv\,.$$

Da $\mu \in \mathrm{NBV}(E), g \in L^p(E), 1 < p \le 2$, und somit nach Lemma 1.4 $\int_x^{x+h} d\mu(u) \in L^1(E)$,

$\int_x^{x+h} g(u)\, du \in L^p(E),\ 1 < p \le 2$, mit $(iv)^{-1}(e^{ihv} - 1)\, \mu^{\vee}(v)$ und $(iv)^{-1}(e^{ihv} - 1)\, g^{\vee}(v)$

als Fouriertransformierte, gilt nach (1.16)

$$(5.06) \qquad H^h_{1-\beta} f^{([\alpha])}(x) = \int_x^{x+h} \left\{ \begin{array}{l} d\mu(u)\ ,\ p = 1 \\ g(u)\, du,\ 1 < p \le 2 \end{array} \right\} f.\ddot{u}.$$

Mit dem Faltungssatz 1.4 folgt dann der Rest der Aussage c).

c) $\Rightarrow$ d):

Da für festes $h \neq 0$ das Integral $H^h_{1-\beta} f^{([\alpha])}(x)$ für fast alle x absolut konvergiert, darf $[\alpha]$-fach von x bis $x + h$ integriert und die Integrationsfolge nach Fubini $[\alpha]$-fach vertauscht werden. So erhält man

$$(5.07) \qquad H^h_{1-\beta} \Delta^{[\alpha]}_h f(x) = \Delta^{[\alpha]}_h H^h_{1-\beta} f(x)$$

$$= \int_x^{x+h} dx_1 \ldots \int_{x_{[\alpha]}-1}^{x_{[\alpha]}-1+h} H^h_{1-\beta} f^{([\alpha])}(x_{[\alpha]})\, dx_{[\alpha]}\,.$$

Mit dem Faltungssatz 1.5 folgt dann unmittelbar die Behauptung.

d) $\Rightarrow$ a):

Geht man wie im Beweisschritt d) $\Rightarrow$ a) des Satzes 4.1 vor, so folgt unter Beachtung von

$$\lim_{h \to 0} h^{-[\alpha]} (e^{ihv} - 1)^{[\alpha]}\, |v|^{\beta} f^{\widehat{\ }}(v) = (iv)^{[\alpha]}\, |v|^{\beta} f^{\widehat{\ }}(v),$$

für jedes v punktweise, die Behauptung a).

Formuliert man die Aussagen a) und d) dieses Satzes für $0 < \alpha < 1$ und $p = 1$, so gilt $|v|^{\alpha} f^{\widehat{\ }}(v) = \mu^{\vee}(v)\ (\mu \in \mathrm{NBV}(E))$ *genau dann, wenn* $\|H^h_{1-\alpha} f\|_1 \equiv \|\Delta_h H_{1-\alpha} f\|_1 = O(|h|)$. Hieraus kann man die Natürlichkeit der Erweiterung auf gebrochene Integration erkennen; denn vertauscht man formal den Grenzübergang $\alpha \to 1$ — mit der Normbildung, so ist unter Beachtung des formalen Grenzwertes $\lim_{\alpha \to 1-} H_{1-\alpha} f(x) = f^{\sim}(x)\, f.\ddot{u}.$

$|v| f^{\widehat{\ }}(v) = \mu^{\vee}(v)$ formal äquivalent zu $\|\Delta_h f^{\sim}\|_1 = O(|h|)$.

Nach Satz 4.3 ($n = 1$) sind aber diese beiden Relationen exakt äquivalent. Analoges gilt für höhere n.

Betrachtet man nun die konjugierten Fouriertransformierten, so gilt

Satz 5.7   *Für $f \in L^p(E)$, $1 \leqq p \leqq 2$, $\alpha > 0$, $0 < \alpha - [\alpha] = \beta$ sind folgende Aussagen äquivalent :*

a) $\left\| \int\limits_{-\infty}^{\infty} \chi^{\wedge}\left(\dfrac{v}{N}\right) (i \operatorname{sgn} v)(iv)^{[\alpha]} |v|^{\beta} f^{\wedge}(v)\, e^{ixv}\, dv \right\|_p = O(1) \qquad (N > 0);$

c) *es ist* $f, \ldots, f^{([\alpha]-1)} \in AC(E)$, $f^{([\alpha])} \in L^p(E)$ *mit* $\| K_{1-\beta}^h f^{([\alpha])} \|_p = O(|h|)$;

d) $\| \Delta_h^{[\alpha]} K_{1-\beta}^h f \|_p = O(|h|^{[\alpha]+1})$;

e) $f^{([\alpha])} \in L^p(E)$ *mit* $\| H_0 H_{1-\beta}^h f^{([\alpha])} \|_p = O(|h|)$;

f) $\| \Delta_h^{[\alpha]} H_0 H_{1-\beta}^h f \|_p = O(|h|^{[\alpha]+1})$.

Ist insbesondere $1 < p \leqq 2$, so sind die Aussagen a) *bis* f) *äquivalent zu*

g) $f^{([\alpha])} \in L^p(E)$ *mit* $\| H_{1-\beta}^h f^{([\alpha])} \|_p = O(|h|)$;

h) $\| \Delta_h^{[\alpha]} H_{1-\beta}^h f \|_p = O(|h|^{[\alpha]+1})$;

i) *es ist* $f^{\sim}, \ldots, (f^{\sim})^{([\alpha]-1)} \in AC(E)$, $(f^{\sim})^{([\alpha])} \in L^p(E)$ *und* $\| H_{1-\beta}^h (f^{\sim}) \|_p = O(|h|)$;

j) $\| \Delta_h^{[\alpha]} H_{1-\beta}^h f^{\sim} \|_p = O(|h|^{[\alpha]+1})$.

Beim Beweis geht man wie in Satz 5.7 vor und erhält[7] u. a.

$$(5.08) \qquad K_{1-\beta}^h f^{([\alpha])}(x) = \int\limits_{x}^{x+h} \left\{ \begin{array}{l} d\mu(u) \quad , \; p = 1 \\ g(u)\, du, \; 1 < p \leqq 2 \end{array} \right\} \; f.\ddot{u}.$$

$$(5.09) \qquad \Delta_h^{[\alpha]} K_{1-\beta}^h f(x) = \int\limits_{x}^{x+h} dx_1 \ldots \int\limits_{x_{[\alpha]-1}}^{x_{[\alpha]-1}+h} K_{1-\beta}^h f^{([\alpha])}(x_{[\alpha]})\, dx_{[\alpha]}.$$

Formuliert man diesen Satz für $1 < \alpha < 2$ und $p = 1$, so sagt er aus: *Es gilt $-|v|^{\alpha} f^{\wedge}(v) = \mu^{\vee}(v)$ $(\mu \in NBV(E))$ genau dann, wenn* $\| \Delta_h K_{2-\alpha}^h f \|_1 \equiv \| \Delta_h^2 K_{2-\alpha} f \|_1 = O(|h|^2)$.

Auch hier führt der formale Grenzübergang $\alpha \to 2 -$ zu einem exakten Ergebnis. Denn beachtet man $\lim\limits_{\alpha \to 2-} K_{2-\alpha} f(x) = f(x)$ $f.\ddot{u}.$ so ist $-|v|^2 f^{\wedge}(v) = \mu^{\vee}(v)$ formal äquivalent zu $\| \Delta_h^2 f \|_1 = O(|h|^2)$. Nach Satz 4.1 $(n = 2)$ handelt es sich wiederum um eine exakte Äquivalenz. Analoges gilt für $\alpha \to n-$, $n = 1, 2, \ldots$.

Aus den Bedingungen c), d) der Sätze 5.6 und 5.7 möchte man auf ein Grenzverhalten von z. B. $h^{-[\alpha]-1} \Delta_h^{[\alpha]} H_{1-\beta}^h f(x)$ für $h \to 0$ schließen. Dies erreicht man mit der Beweismethode des Satzes 4.4. Naturgemäß kann die Aussage 2) des Satzes 4.4 nicht in die Formulierung der nachfolgenden Sätze eingehen, da noch nichts über Ableitungen von $K_{1-\beta}^h f$ bzw. $H_{1-\beta}^h f$ bekannt ist. Im Falle $p = 1$ nehmen wir zunächst μ als absolut stetig an.

---

[7] Die Funktionen μ und g sind durch den Darstellungssatz 1.9 bestimmt. Im allgemeinen differieren sie von den Funktionen in (5.06).

Satz 5.8   *Ist* $f, g \in \mathsf{L}^p(E)$, $1 \leq p \leq 2$, $\alpha > 0$, $0 < \alpha - [\alpha] = \beta$, *so sind folgende Aussagen äquivalent :*

1) $(iv)^{[\alpha]} |v|^\beta f^\wedge (v) = g^\wedge (v) \quad f.\ddot{u}.;$

3*) $f, \ldots, f^{([\alpha]-1)} \in \mathsf{AC}(E), f^{([\alpha])} \in \mathsf{L}^p(E)$ *mit* $\lim\limits_{h \to 0} \| h^{-1} H^h_{1-\beta} f^{([\alpha])} (\cdot) - g(\cdot) \|_p = 0;$

3) $\lim\limits_{h \to 0} \| h^{-[\alpha]-1} \Delta^{[\alpha]}_h H^h_{1-\beta} f(\cdot) - g(\cdot) \|_p = 0.$

Benutzt man (5.06) und (5.07), so folgt mit der in Satz 4.4 angewandten Methode rasch der Beweis.

Analogs gilt beim Gebrauch von (5.08) und (5.09) für den

Satz 5.9   *Unter den Voraussetzungen des Satzes 5.5 sind äquivalent :*

1) $(i \operatorname{sgn} v) (iv)^{[\alpha]} |v|^\beta f^\wedge (v) = g^\wedge (v) \quad f.\ddot{u}.;$

3*) $f, \ldots, f^{([\alpha]-1)} \in \mathsf{AC}(E), f^{([\alpha])} \in \mathsf{L}^p(E)$ *mit* $\lim\limits_{h \to 0} \| h^{-1} K^h_{1-\beta} f^{([\alpha])} (\cdot) - g(\cdot) \|_p = 0;$

3) $\lim\limits_{h \to 0} \| h^{-[\alpha]-1} \Delta^{[\alpha]}_h K^h_{1-\beta} f(\cdot) - g(\cdot) \|_p = 0.$

Setzt man in diesen beiden Sätzen $g(x) = 0 \quad f.\ddot{u}.$, so gilt

Folgerung 5.10   *Ist* $f \in \mathsf{L}^p(E)$, $1 \leq p \leq 2$, $\alpha > 0$, $0 < \alpha - [\alpha] = \beta$, *so sind folgende Aussagen äquivalent :*

a) $f(x) = 0 \quad f.\ddot{u}.;$

b) $f^{([\alpha])} \in \mathsf{L}^p(E)$ *mit* $\| K^h_{1-\beta} f^{([\alpha])} \|_p = o(|h|) \qquad oder \quad \| H^h_{1-\beta} f^{([\alpha])} \|_p = o(|h|) \qquad (h \to 0);$

c) $\| h^{-([\alpha]+1)} \Delta^{[\alpha]}_h K^h_{1-\beta} f \|_p = o(1) \qquad oder \quad \| h^{-([\alpha]+1)} \Delta^{[\alpha]}_h H^h_{1-\beta} f \|_p = o(1) \qquad (h \to 0).$

Selbstverständlich können in den Sätzen 5.6 bis 5.9 und Folgerung 5.10, wie in Abschnitt 4.1 und 4.2, die O-Bedingungen bzw. die Grenzwerte durch die Limites Inferiores ersetzt werden.

Wir betrachten nun noch den interessanten Fall $p = 1$, wenn μ nicht absolut stetig ist. Man beweist analog zu Satz 4.6

Satz 5.11   *Für* $f \in \mathsf{L}^1(E)$, $\alpha > 0$, $0 < \alpha - [\alpha] = \beta$ *sind folgende Aussagen äquivalent :*

1) *Es existiert ein* $\mu \in \mathsf{NBV}(E)$ *mit* $(iv)^{[\alpha]} |v|^\beta f^\wedge (v) = \mu^\vee (v);$

2) *Es existiert ein* $\mu \in \mathsf{NBV}(E)$ *mit*

$$\lim\limits_{h \to 0} \int\limits_{-\infty}^{\infty} h^{-[\alpha]-1} \Delta^{[\alpha]}_h K^h_{1-\beta} f(x) \, \psi(x) \, dx = \int\limits_{-\infty}^{\infty} \psi(x) \, d\mu(x) \qquad (\psi \in \mathsf{C}_0(E))$$

oder $f^{([\alpha])} \in \mathsf{L}^1(E)$ *mit*

$$\lim\limits_{h \to 0} \int\limits_{-\infty}^{\infty} h^{-1} H^h_{1-\beta} f^{([\alpha])} (x) \, \psi(x) \, dx = \int\limits_{-\infty}^{\infty} \psi(x) \, d\mu(x);$$

3) $\| h^{-[\alpha]-1} \Delta^{[\alpha]}_h H^h_{1-\beta} f \|_1 = O(1)$

oder $f^{([\alpha])} \in \mathsf{L}^1(E)$ *mit* $\| h^{-1} H^h_{1-\beta} f^{([\alpha])} \|_1 = O(1) \qquad (h \to 0).$

Satz 5.12   *Unter den Voraussetzungen des Satzes 5.11 sind äquivalent :*

1) *Es existiert ein* $\mu \in \mathsf{NBV}(E)$ *mit* $(i \operatorname{sgn} v)(iv)^{[\alpha]} |v|^{\beta} f^{\widehat{}}(v) = \mu^{\smile}(v)$;

2) *Es existiert ein* $\mu \in \mathsf{NBV}(E)$ *mit*

$$\lim_{h \to 0} \int_{-\infty}^{\infty} b^{-[\alpha]-1} \Delta_h^{[\alpha]} K_{1-\beta}^h f(x) \, \psi(x) \, dx = \int_{-\infty}^{\infty} \psi(x) \, d\mu(x) \qquad (\psi \in \mathsf{C}_0(E))$$

oder $f^{([\alpha])} \in \mathsf{L}^1(E)$ *mit*

$$\lim_{h \to 0} \int_{-\infty}^{\infty} b^{-1} K_{1-\beta}^h f^{([\alpha])}(x) \, \psi(x) \, dx = \int_{-\infty}^{\infty} \psi(x) \, d\mu(x);$$

3) $\| b^{-[\alpha]-1} \Delta_h^{[\alpha]} K_{1-\beta}^h f \|_1 = O(1)$

oder $f^{([\alpha])} \in \mathsf{L}^1(E)$ *mit* $\| b^{-1} K_{1-\beta}^h f^{([\alpha])} \|_1 = O(1)$ \qquad $(h \to 0)$.

Betrachtet man rückschauend die bisher aufgeführten Sätze des Abschnitts 5, so fällt auf, daß nur solche Funktionen f zugelassen werden, für die $|v|^{\alpha} f^{\widehat{}}(v)$ bzw. $(-i \operatorname{sgn} v) |v|^{\alpha} f^{\widehat{}}(v)$ Fourier-Stieltjes- oder Fouriertransformationen gewisser Funktionen $\mu \in \mathsf{NBV}(E)$ oder $g \in \mathsf{L}^p(E)$ sind, d. h. nur die Klassen $\mathsf{V}_{\alpha}^p, \mathsf{V}^{\sim p}_{\alpha}$. Es stellt sich die Frage, ob diese Funktionenklassen nicht triviale Elemente enthalten. Wir beantworten sie mit einem Beispiel, das außerdem dazu dient, die Funktion g der Sätze 5.8 und 5.9 durch einen punktweisen Grenzprozeß zu bestimmen.

Es gilt nach F. OBERHETTINGER [1; p. 201] für $\delta > 0$, $v > 0$

$$[(\Gamma(v)/2\pi)(\delta - ix)^{-v}]^{\widehat{}}(v) = \left(1/\sqrt{2\pi}\right) \begin{cases} v^{v-1} e^{-\delta v} & (v > 0) \\ 0 & (v < 0), \end{cases}$$

$$[(\Gamma(v)/2\pi)(\delta + ix)^{-v}]^{\widehat{}}(v) = \left(1/\sqrt{2\pi}\right) \begin{cases} 0 & (v > 0) \\ (-v)^{v-1} e^{\delta v} & (v < 0). \end{cases}$$

Bildet man bestimmte Linearkombinationen dieser beiden Formeln, so gilt für $\alpha > 0$, $\delta > 0$

$$[P_{\delta}^{\alpha}]^{\widehat{}}(v) \equiv [(\Gamma(1+\alpha)/\pi) \operatorname{Re}\{(\delta - ix)^{-1-\alpha}\}]^{\widehat{}}(v) = \left(1/\sqrt{2\pi}\right) |v|^{\alpha} e^{-\delta|v|}$$

$$[Q_{\delta}^{\alpha}]^{\widehat{}}(v) \equiv [(\Gamma(1+\alpha)/\pi) \operatorname{Im}\{(\delta - ix)^{-1-\alpha}\}]^{\widehat{}}(v) = \left(1/\sqrt{2\pi}\right) (-i \operatorname{sgn} v) |v|^{\alpha} e^{-\delta|v|}.$$

Setzt man $\alpha = 0$ in der hierdurch definierten Funktion P_{δ}^{α}, so erhält man den Poisson-Kern $P_{\delta}(x) = (1/\pi) \delta(\delta^2 + x^2)^{-1}$, setzt man $\alpha = 0$ in Q_{δ}^{α}, so den hilberttransformierten Poisson-Kern $Q_{\delta}(x) = (1/\pi) x(\delta^2 + x^2)^{-1}$. Mit dem Poisson-Kern haben wir wegen

$$[P_{\delta}^{\alpha}]^{\widehat{}}(v) = |v|^{\alpha} [P_{\delta}]^{\widehat{}}(v)$$

bzw.

$$[Q_{\delta}^{\alpha}]^{\widehat{}}(v) = (-i \operatorname{sgn} v) |v|^{\alpha} [P_{\delta}]^{\widehat{}}(v)$$

eine Funktion gefunden, die den Klassen $\{f; |v|^{\alpha} f^{\widehat{}}(v) = g^{\widehat{}}(v),\ f, g \in \mathsf{L}^p(E),\ 1 \leq p \leq 2, \alpha > 0\}$ bzw. $\{f; (-i \operatorname{sgn} v) |v|^{\alpha} f^{\widehat{}}(v) = g^{\widehat{}}(v),\ f, g \in \mathsf{L}^p(E),\ 1 \leq p \leq 2,\ \alpha > 0\}$ angehört, da $P_{\delta}, P_{\delta}^{\alpha}, Q_{\delta}^{\alpha} \in \mathsf{L}^1 \cap \mathsf{L}^2(E)$ für $\alpha > 0$ sind. Faltet man P_{δ} mit beliebigem $f \in \mathsf{L}^p(E)$, $1 \leq p \leq 2$, so lassen sich wegen $P_{\delta}^{\alpha}, Q_{\delta}^{\alpha} \in \mathsf{L}^1(E)$, $\alpha > 0$, nach dem Faltungssatz 1.4 beliebig viele Elemente dieser Klassen konstruieren.

Zum zweiten gilt nach dem Faltungssatz 1.4 und der Umkehrformel (1.17) unter Beachtung von $|v|^\alpha f^\wedge(v) = \hat{g_1}(v)$ $f.\ddot{u}.$ für jedes $\delta > 0$

$$\sqrt{2\pi}\, P_\delta^\alpha * f(x) = \left(1/\sqrt{2\pi}\right) \int_{-\infty}^{\infty} |v|^\alpha\, e^{-\delta|v|} f^\wedge(v)\, e^{ixv}\, dv$$

$$= \left(1/\sqrt{2\pi}\right) \int_{-\infty}^{\infty} e^{-\delta|v|}\, \hat{g_1}(v)\, e^{ixv}\, dv.$$

Nach (1.16) existiert der Grenzwert für $\delta \to 0+$ auf der rechten Seite und somit der auf der linken, d. h.

$$\lim_{\delta \to 0+} \pi^{-1} \Gamma(1+\alpha) \int_{-\infty}^{\infty} \{\mathrm{Re}(\delta - it)^{-1-\alpha}\} f(x-t)\, dt = g_1(x) \quad f.\ddot{u}.$$

und entsprechend, falls $(-i\,\mathrm{sgn}\,v)\,|v|^\alpha f^\wedge(v) = \hat{g_2}(v)$ $f.\ddot{u}.$

$$\lim_{\delta \to 0+} \pi^{-1} \Gamma(1+\alpha) \int_{-\infty}^{\infty} \{\mathrm{Im}(\delta - it)^{-1-\alpha}\} f(x-t)\, dt = g_2(x) \quad f.\ddot{u}.$$

d. h. $\lim\limits_{\delta \to 0+} \sqrt{2\pi}\, P_\delta^\alpha * f(x) = P^\alpha f(x) = g_1(x)\ f.\ddot{u}.$ bzw. $\lim\limits_{\delta \to 0+} \sqrt{2\pi}\, Q_\delta^\alpha * f(x) = Q^\alpha f(x)$
$= g_2(x)\ f.\ddot{u}.$ Die so bestimmten Operatoren P^α und Q^α sind für ganzzahlige $\alpha > 0$ durch die Sätze in Abschnitt 4 interpretierbar; so ist z. B. $P^1 = (d/dx)\,H_0$; denn mit den Sätzen 4.2 und 4.3 gilt[8]:

Sind $f, g \in \mathsf{L}^p(E)$, $1 \leq p \leq 2$, *so ist* $|v|\,f^\wedge(v) = g^\wedge(v)$ $f.\ddot{u}.$ *äquivalent zu*

$$\lim_{\delta \to 0+} \frac{1}{\pi} \int_{-\infty}^{\infty} \frac{\delta^2 - t^2}{(\delta^2 + t^2)^2}\, f(x-t)\, dt = \frac{d}{dx}(H_0 f)(x) \quad f.\ddot{u}.$$

Entsprechendes gilt für höhere ganzzahlige α. Die Interpretation für nicht ganze $\alpha > 0$ ist aus dem Nachfolgenden wegen der Relation zwischen den Fouriertransformierten ersichtlich und wird später nicht mehr formuliert werden.

5.3 Über die Vertauschbarkeit von Hilberttransformation, Differentiation und gebrochener Integration

Die Frage nach der Existenz von Ableitungen gebrochener Integrale ist in den bisherigen Ausführungen noch nicht behandelt worden. Dies soll nun nachgeholt werden; es wird sich zeigen, daß der Grad der Differenzierbarkeit von $K_{1-\beta}f$ durch die Glattheit von f mitbestimmt wird. Außerdem werden die Beziehungen der n-ten Ableitung von $K_{1-\beta}f$ zur entsprechenden Ableitung von $H_{1-\beta}f$ untersucht.
Zur Verwirklichung dieses Zieles ist es zweckmäßig, Aussage b) der Sätze 4.1 bis 4.3 auf gebrochene Exponenten zu übertragen.

Satz 5.13 *Sei* $f, g \in \mathsf{L}^p(E)$, $1 \leq p \leq 2$, $\alpha > 0$ *und* $0 < \alpha - [\alpha] = \beta$. *Es gilt* $(iv)^{[\alpha]}\,|v|^\beta f^\wedge(v) = g^\wedge(v)$ $f.\ddot{u}.$ *für* $1 - 1/p < \beta < 1$ *genau dann, wenn* $H_{1-\beta}f, \ldots,$ $(H_{1-\beta}f)^{([\alpha])} \in \mathsf{AC}(E)$ *und* $(H_{1-\beta}f)^{([\alpha]+1)}(x) = g(x)$ $f.\ddot{u}.$

---

[8] Ein ähnliches Ergebnis erhält auch G. O. OKIKIOLU [2] bei Bestimmung des infinitesimalen Erzeugers der Abel-Poisson Halbgruppe.

Gelten die Differenzierbarkeitsbedingungen, so integriert man g ($[\alpha] + 1$)-fach von x bis $x + h$ und erhält analog zu (5.07)

$$\Delta_h^{[\alpha]} H_{1-\beta}^h f(x) = \int\limits_x^{x+h} dx_1 \ldots \int\limits_{x_{[\alpha]}}^{x_{[\alpha]}+h} g(x_{[\alpha]+1})\, dx_{[\alpha]+1}\,.$$

Die Anwendung der Faltungssätze 1.4 und 1.5 ergibt

$$(e^{ihv} - 1)^{[\alpha]}\, (-\, i\, \mathrm{sgn}\, v)\, (e^{ihv} - 1)\, |v|^{\beta-1} f\,\hat{}\, (v)$$
$$= (e^{ihv} - 1)^{[\alpha]}\, [H_{1-\beta}^h f]\,\hat{}\, (v) = (iv)^{-([\alpha]+1)}\, (e^{ihv} - 1)^{[\alpha]+1}\, g\,\hat{}\, (v) \quad f.\ddot{u}.$$

woraus die Behauptung folgt.

Bei der direkten Richtung unterscheiden wir zwei Fälle.

a) Ist $0 < \alpha < 1$ und $p = 1$, so integriere man (5.06) von 0 bis x

$$\int\limits_0^x \Delta_h H_{1-\alpha} f(x_1)\, dx_1 = \int\limits_0^x dx_1 \int\limits_{x_1}^{x_1+h} g(x_2)\, dx_2$$

und lasse $h \to -\infty$ streben. Der Grenzwert der rechten Seite existiert nach dem Majorantenkriterium mit $|\int\limits_{x_1}^{x_1+h} g(x_2)\, dx_2| \leqq \|g\|_1$ als Majorante, der der linken nach Lemma 3.10. Somit ist

$$\int\limits_0^x H_{1-\alpha} f(x_1)\, dx_1 = \int\limits_0^x dx_1 \int\limits_{-\infty}^{x_1} g(x_2)\, dx_2$$

für jedes endliche x, woraus für $0 < \alpha < 1$ und $p = 1$ die Behauptung folgt.

b) Ist [unter Ausschließung von a)] $1 - 1/p < \beta < 1$, so ist das Beweisverfahren demjenigen von Satz 4.1 sehr ähnlich. Denn, da $(iv)^{-k} g\,\hat{}\, (v) \in L^1(E)$ für $1 \leqq k \leqq [\alpha] + 1$ und $1 < p \leqq 2$, bzw. für $2 \leqq k \leqq [\alpha] + 1$, falls $p = 1$, bleiben die Formeln (4.03) und (4.05) gültig, d. h.

$$(5.10) \qquad \frac{1}{\sqrt{2\,\pi}} \int\limits_{-\infty}^{\infty} (iv)^{-k}\, g\,\hat{}\, (v)\, e^{ixv}\, dv = \int\limits_{-\infty}^x dx_1 \ldots \int\limits_{-\infty}^{x_{k-1}} g(x_k)\, dx_k$$

für $1 \leqq k \leqq [\alpha] + 1$, falls $1 < p \leqq 2$, bzw. für $2 \leqq k \leqq [\alpha] + 1$, falls $p = 1$.

Benutzt man nun die Voraussetzung, so ist nach dem Faltungssatz 1.4, dem Lemma 3.11 und der Umkehrformel (1.17)

$$\Delta_h H_{1-\beta} f(x) = \frac{1}{\sqrt{2\,\pi}} \int\limits_{-\infty}^{\infty} (-\, i\, \mathrm{sgn}\, v)\, (e^{ihv} - 1)\, |v|^{\beta-1} f\,\hat{}\, (v)\, e^{ixv}\, dv\,.$$

Integriert man von 0 bis x, wendet man links für $h \to -\infty$, falls $1 < p \leqq 2$, Satz 3.6 und die Hölder-Ungleichung, falls $p = 1$, Lemma 3.10, rechts das Lemma 1.1 von Riemann–Lebesgue auf die Funktion $|v|^{\beta-1} f\,\hat{}\, (v) \in L^1(E)$ an; so folgt für jedes feste x

$$\int\limits_0^x H_{1-\beta} f(x_1)\, dx_1 = \int\limits_0^x dx_1 \frac{1}{\sqrt{2\,\pi}} \int\limits_{-\infty}^{\infty} (-\, i\, \mathrm{sgn}\, v)\, |v|^{\beta-1} f\,\hat{}\, (v)\, e^{ixv}\, dv$$

oder

$$(5.11) \qquad H_{1-\beta}f(x) = \frac{1}{\sqrt{2\pi}} \int\limits_{-\infty}^{\infty} \frac{\hat{g}(v)}{(iv)^{[\alpha]+1}} e^{ixv}\,dv$$

$$= \int\limits_{-\infty}^{x} dx_1 \ldots \int\limits_{-\infty}^{x_{[\alpha]}} g(x_{[\alpha]+1})\,dx_{[\alpha]+1}$$

nach (5.10) und hieraus die Behauptung.

Da sich an der Argumentation nichts ändert, wenn im Falle $p=1$ $g(u)\,du$ durch $d\mu(u)$, wo $\mu \in \mathsf{NBV}(E)$, ersetzt wird, erhält man als

Korollar 5.14 *Ist $f \in \mathsf{L}^1(E)$, $\alpha > 0$, $0 < \alpha - [\alpha] = \beta$, so ist $(iv)^{[\alpha]} |v|^{\beta} \hat{f}(v)$ genau dann Fourier-Stieltjestransformierte, wenn $H_{1-\beta}f, \ldots (H_{1-\beta}f)^{([\alpha]-1)} \in \mathsf{AC}(E)$ und $(H_{1-\beta}f)^{([\alpha])} \in \mathsf{NBV}(E)$ ist.*

Analog zu Satz 5.13 beweist man

Satz 5.15 *Sei $f, g \in \mathsf{L}^p(E)$, $1 \le p \le 2$, $\alpha > 0$ und $0 < \alpha - [\alpha] = \beta$. Es gilt $(i\,\mathrm{sgn}\,v)(iv)^{[\alpha]} |v|^{\beta} \hat{f}(v) = \hat{g}(v)$ f.ü. für $1 - 1/p < \beta < 1$ genau dann, wenn $K_{1-\beta}f, \ldots, (K_{1-\beta}f)^{([\alpha])} \in \mathsf{AC}(E)$ und $(K_{1-\beta}f)^{([\alpha]+1)}(x) = g(x)$ f.ü.*

und

Korollar 5.16 *Ist $f \in \mathsf{L}^1(E)$, $\alpha > 0$, $0 < \alpha - [\alpha] = \beta$, so ist $(i\,\mathrm{sgn}\,v)(iv)^{[\alpha]} |v|^{\beta}\hat{f}(v)$ genau dann Fourier-Stieltjestransformierte, wenn $K_{1-\beta}f, \ldots (K_{1-\beta}f)^{([\alpha]-1)} \in \mathsf{AC}(E)$ und $(K_{1-\beta}f)^{([\alpha])} \in \mathsf{NBV}(E)$ ist.*

Aus den Sätzen 5.8, 5.9, 5.13 und 5.15 schließt man, daß für $1 - 1/p < \beta < 1$ die Funktion g die $([\alpha]+1)$-Ableitung von $K_{1-\beta}f$ bzw. $H_{1-\beta}f$ darstellt. Dies ist nur natürlich, da $K_{1-\beta}^h f = \Delta_h K_{1-\beta}f$ bzw. $H_{1-\beta}^h f = \Delta_h K_{1-\beta}f$ i. a. nur gilt, wenn $1 - 1/p < \beta < 1$.

Außerdem entnimmt man diesen Sätzen, daß unter bestimmten Voraussetzungen an f

$$\frac{d}{dx} K_{1-\beta}f^{([\alpha])}(x) = \left(\frac{d}{dx}\right)^{[\alpha]+1} K_{1-\beta}f(x) \quad f.\ddot{u}.$$

ist. Denn aus $(i\,\mathrm{sgn}\,v)(iv)^{[\alpha]} |v|^{\beta} \hat{f}(v) = \hat{g}(v)$ f.ü. ergibt sich mit den Sätzen 1.12 und 2.14 $f^{([\alpha])} \in \mathsf{L}^p(E)$. Beachtet man, daß nach Satz 4.1 $(iv)^{[\alpha]} \hat{f}(v) = [f^{([\alpha])}]\hat{\,}(v)$ f.ü. gilt, und wendet man Satz 5.15 für $0 < \alpha < 1$ an, indem man f durch $f^{([\alpha])}$ ersetzt, so folgt $(d/dx) K_{1-\beta}f^{([\alpha])}(x) = g(x)$ f.ü. Umgekehrt schließt man aus dieser Beziehung leicht auf die Relation zwischen den Fouriertransformierten. Man erhält demnach

Satz 5.17 *Sei $f \in \mathsf{L}^p(E)$, $1 < p \le 2$, $\alpha > 0$, $0 < \alpha - [\alpha] = \beta$, $1 - 1/p < \beta < 1$. Es ist $\left(\dfrac{d}{dx}\right)^{[\alpha]+1} K_{1-\beta}f \in \mathsf{L}^p(E)$ genau dann, wenn $f^{([\alpha])}, \dfrac{d}{dx} K_{1-\beta}f^{([\alpha])} \in \mathsf{L}^p(E)$. Außerdem gilt*

$$\left(\frac{d}{dx}\right)^{[\alpha]+1} K_{1-\beta}f(x) = \frac{d}{dx} K_{1-\beta}f^{([\alpha])}(x) \quad f.\ddot{u}.$$

Es bleibt noch übrig, den Fall $p=1$ zu betrachten.

Satz 5.18 *Ist $f \in \mathsf{L}^1(E)$, $\alpha > 0$, $0 < \alpha - [\alpha] = \beta$, so ist $\left(\dfrac{d}{dx}\right)^{[\alpha]} K_{1-\beta}\,f \in \mathsf{NBV}(E)$*

genau dann, wenn $f^{([\alpha])} \in \mathsf{L}^1(E)$ und $K_{1-\beta}f^{([\alpha])} \in \mathsf{NBV}(E)$. Weiter gilt

$$\left(\frac{d}{dx}\right)^{[\alpha]} K_{1-\beta}\,f(x) = K_{1-\beta}f^{([\alpha])}(x) \quad f.\ddot{u}.$$

Der Beweis ergibt sich aus (5.08) für $h \to -\infty$ und der zu (5.11) analogen Formel.
Den Sätzen 5.14 und 5.15 entsprechende Aussagen gelten auch für die Ableitungen von
$H_{1-\beta}f$.
Als nächstes möchten wir uns für $1 < p \leq 2$ mit den nach Folgerung 3.8 geäußerten
Vermutungen befassen. Es gilt

Satz 5.19 *Sei $f \in \mathsf{L}^p(E)$, $1 < p \leq 2$, und $1 - 1/p < \alpha < 1$. Es gilt $(K_{1-\alpha}f)^{(1)} \in \mathsf{L}^p(E)$
genau dann, wenn $(K_{1-\alpha}f^{\sim})^{(1)} \in \mathsf{L}^p(E)$. Außerdem*

$$H_0\left(\frac{d}{du} K_{1-\alpha}f(u)\right)(x) \doteq \frac{d}{dx} K_{1-\alpha}(H_0 f)(x) \quad f.\ddot{u}.$$

Beweis: Nach Satz 5.13 gilt $|v|^\alpha f^{\,\hat{}}(v) = [(d/dx)\,H_{1-\alpha}f(x)]^{\hat{}}(v)$ $f.\ddot{u}.$, nach Satz 5.15
$(i\,\mathrm{sgn}\,v)\,|v|^\alpha f^{\,\hat{}}(v) = [(d/dx)\,K_{1-\alpha}f(x)]^{\hat{}}(v)$ $f.\ddot{u}.$ Also folgt mit Hilfe der Signumregel
2.7 und Satz 3.5

$$\left[\frac{d}{dx} K_{1-\alpha}(H_0 f)(x)\right]^{\hat{}}(v) = \left[\frac{d}{dx} H_{1-\alpha}f(x)\right]^{\hat{}}(v) = |v|^\alpha f^{\,\hat{}}(v)$$

$$= (-i\,\mathrm{sgn}\,v)\left[\frac{d}{dx} K_{1-\alpha}f(x)\right]^{\hat{}}(v) = \left[H_0\left(\frac{d}{dx} K_{1-\alpha}f(x)\right)\right]^{\hat{}}(v) \quad f.\ddot{u}.$$

und hieraus unmittelbar die Behauptung.

Die Übertragung auf höhere Ableitungen ist offensichtlich; denn nach Lemma 2.4 und
den Sätzen 3.5, 5.17 und 5.19 gilt

Folgerung 5.20 *Sei $f \in \mathsf{L}^p(E)$, $1 < p \leq 2$, $\alpha > 0$, $0 < \alpha - [\alpha] = \beta$, $1 - 1/p < \beta < 1$.
Es ist $(K_{1-\beta}f)^{([\alpha]+1)} \in \mathsf{L}^p(E)$ genau dann, wenn $(K_{1-\beta}f^{\sim})^{([\alpha]+1)} \in \mathsf{L}^p(E)$. Weiter gilt*

$$H_0[(K_{1-\beta}f)^{([\alpha]+1)}](x) = H_0\left[\frac{d}{du} K_{1-\beta}f^{([\alpha])}(u)\right](x)$$

$$= \frac{d}{dx} K_{1-\beta}(H_0 f^{([\alpha])})(x) = \frac{d}{dx} K_{1-\beta}(H_0 f)^{([\alpha])}(x) = [K_{1-\beta}(H_0 f)]^{([\alpha]+1)}(x) \quad f.\ddot{u}.$$

Wie sich in Abschnitt 3.1 das Weylsche Integral der Ordnung $1 - \beta$ als Linearkombination von $K_{1-\beta}$ und $H_{1-\beta}$ darstellen ließ

$$(5.12)\qquad f_{(1-\beta)}(x) = \cos\frac{\pi}{2}(1-\beta)\,K_{1-\beta}f(x) + \sin\frac{\pi}{2}(1-\beta)\,H_{1-\beta}f(x) \quad f.\ddot{u}.,$$

gilt analog mit Hilfe von Folgerung 3.3, Satz 3.5 und Lemma 2.3

$$(5.13)\qquad (f^{\sim})_{(1-\beta)}(x) = -\sin\frac{\pi}{2}(1-\beta)\,K_{1-\beta}f(x)$$

$$+ \cos\frac{\pi}{2}(1-\beta)\,K_{1-\beta}(f^{\sim})(x) \quad f.\ddot{u}.$$

Hieraus schließt man mit Folgerung 5.20 die

Folgerung 5.21 *Sei f, p, α, β wie in Folgerung 5.17. f besitzt genau dann eine Ableitung der Ordnung α mit $D^\alpha f \in \mathsf{L}^p(E)$, wenn $D^\alpha(f^\sim) \in \mathsf{L}^p(E)$. Weiter gilt*

$$D^\alpha(H_0 f)(x) = H_0(D^\alpha f)(x) \quad f.\ddot{u}.$$

Faßt man die Folgerungen 5.20 und 5.21 zusammen, so gilt

Korollar 5.22 *Ist f, p, α, β wie oben, so sind folgende Aussagen äquivalent:*

1) $D^\alpha f \in \mathsf{L}^p(E)$;

2) $D^\alpha f^\sim \in \mathsf{L}^p(E)$;

3) $(K_{1-\beta} f)^{([\alpha]+1)} \in \mathsf{L}^p(E)$;

4) $(K_{1-\beta} f^\sim)^{([\alpha]+1)} \in \mathsf{L}^p(E)$.

Hiermit ist also gezeigt, daß unter geeigneten Voraussetzungen der klassische Begriff der gebrochenen Differentiation mit den hier eingeführten, gewöhnlichen Ableitungen der gebrochenen Integrale $K_{1-\beta} f$ bzw. $H_{1-\beta} f$ äquivalent ist, wie aus der Begriffsbildung auch nicht anders zu erwarten war.

Benutzt man die dem Satz 5.1 entsprechende Aussage für $1 < p \leqq 2$:

Falls $k < \alpha < k + 1/p$, $k = 0, 1, \ldots$, so ist $|v|^\alpha f^{\hat{}}(v) = g^{\hat{}}(v)$ $f.\ddot{u}.$ äquivalent zu $f^{([\alpha])}(x) = K_{\alpha-[\alpha]}\, g(x) \in \mathsf{L}^p(E)$,

so gilt mit Korollar 5.22 bei weiterer Einschränkung des Exponentenbereichs

Folgerung 5.23 *Ist $f \in \mathsf{L}^p(E)$, $1 < p < 2$, $0 < \alpha - [\alpha] = \beta$ und $\beta \in (1 - 1/p, 1/p)$ $= (0, 1/p) \cap (1 - 1/p, 1)$, so sind die Aussagen 1) bis 4) des Korollars 5.22 äquivalent dazu, daß $f, \ldots, f^{([\alpha]-1)} \in \mathsf{AC}(E)$, und $f^{([\alpha])} \in \mathsf{L}^p(E)$. $f^{([\alpha])}$ läßt sich dann als Integral der Ordnung β einer Funktion $g \in \mathsf{L}^p(E)$ darstellen: $f^{([\alpha])}(x) = K_\beta\, g(x)$ $f.\ddot{u}.$*

$(H_{1-\beta} f)^{([\alpha]+1)}$ ist für $1 - 1/p < \beta < 1$, $K_\beta\, g$ für $0 < \beta < 1/p$ definiert. Andererseits ist wegen Satz 5.13 $g(x) = (H_{1-\beta} f)^{([\alpha]+1)}(x)$ $f.\ddot{u}.$ für $\beta \in (1 - 1/p, 1/p)$.

Man kann deshalb bei gegebenem $f^{([\alpha])}$ die Lösung der Integralgleichung $f^{([\alpha])}(x) = K_\beta\, g(x)$, nämlich g, als Fortsetzung von $(H_{1-\beta} f)^{([\alpha]+1)}$ auf die nicht zugelassenen β-Bereiche: $(0, 1 - 1/p]$ auffassen und analog mit $(K_{1-\beta} f)^{([\alpha]+1)}$ verfahren.

Zum Schluß dieses Abschnitts soll noch für $1 < p < 2$ und $1 - 1/p < \alpha < 1/p$ die Konsistenz der zu Anfang von Abschnitt 3 gegebenen Definitionen der gebrochenen Ableitung bewiesen werden. Wir zeigen $f^{(\alpha)} \in \mathsf{L}^p(E)$ ist Lösung der Integralgleichung $f(x) = I_\alpha^+ g(x)$, wobei f bekannt ist, und andererseits, falls g Lösung der Integralgleichung ist, so ist $f^{(\alpha)}(x) = g(x)$ $f.\ddot{u}.$

Wir benutzen hierzu Formel (5.12), Satz 3.5 und $f, f^{(\alpha)} \in \mathsf{L}^p(E)$. Es gilt

$$
\begin{aligned}
I_\alpha^+ f^{(\alpha)}(x) &= \cos \frac{\pi}{2} \alpha\, K_\alpha f^{(\alpha)}(x) + \sin \frac{\pi}{2} \alpha\, H_\alpha f^{(\alpha)}(x) \\[2mm]
&= \cos \frac{\pi}{2} \alpha\, K_\alpha \left[\cos \frac{\pi}{2}(1 - \alpha) \frac{d}{du} K_{1-\alpha} f(u) + \sin \frac{\pi}{2}(1 - \alpha) \frac{d}{du} H_{1-\alpha} f(u) \right](x) \\[2mm]
&\quad + \sin \frac{\pi}{2} \alpha\, H_\alpha \left[-\cos \frac{\pi}{2}(1 - \alpha) H_0\, g(u) + \sin \frac{\pi}{2}(1 - \alpha)\, g(u) \right](x) \\[2mm]
&= -\cos \frac{\pi}{2} \alpha \sin \frac{\pi}{2} \alpha\, K_\alpha g^\sim(x) + \cos^2 \frac{\pi}{2} \alpha\, K_\alpha g(x) - \sin^2 \frac{\pi}{2} \alpha\, H_\alpha g^\sim(x) \\[2mm]
&\quad + \sin \frac{\pi}{2} \alpha \cos \frac{\pi}{2} \alpha\, H_\alpha g(x) = K_\alpha g(x) = f(x) \quad f.\ddot{u}.
\end{aligned}
$$

Umgekehrt gilt, falls $g, f \in L^p$, $\alpha \in (1 - 1/p,\, 1/p)$

$$f_{(1-\alpha)}(x) = \cos\frac{\pi}{2}(1-\alpha)\, K_{1-\alpha} f(x) + \sin\frac{\pi}{2}(1-\alpha)\, H_{1-\alpha} f(x)$$

$$= \cos\frac{\pi}{2}\alpha \sin\frac{\pi}{2}\alpha\, K_{1-\alpha}(K_\alpha g)\,(x) + \sin^2\frac{\pi}{2}\alpha\, K_{1-\alpha}(H_\alpha g)\,(x)$$

$$+ \cos^2\frac{\pi}{2}\alpha\, H_{1-\alpha}(K_\alpha g)\,(x) + \cos\frac{\pi}{2}\alpha \sin\frac{\pi}{2}\alpha\, H_{1-\alpha}(H_\alpha g)\,(x)$$

$$= K_{1-\alpha}(H_\alpha g)\,(x) \quad f.\ddot{u}.$$

Da

$$\Delta_h K_{1-\alpha}(H_\alpha g)\,(x) = \frac{1}{\sqrt{2\pi}} \int\limits_{-\infty}^{\infty} \frac{e^{ihv}-1}{|v|^{1-\alpha}} \cdot \frac{(-i\,\mathrm{sgn}\,v)}{|v|^\alpha}\, g^{\widehat{}}(v)\, e^{ixv}\, dv$$

$$= \frac{1}{\sqrt{2\pi}} \int\limits_{-\infty}^{\infty} \frac{e^{ihv}-1}{iv}\, g^{\widehat{}}(v)\, e^{ixv}\, dv = \int\limits_{x}^{x+h} g(u)\, du,$$

folgt wie in Beweis zu Satz 5.1 mit dem Lemma 1.1 von Riemann–Lebesgue[9]

$$K_{1-\alpha}(H_\alpha g)\,(x) = \int\limits_{-\infty}^{x} g(u)\, du \qquad (\alpha \in (1 - 1/p,\, 1/p))$$

und hieraus $f^{(\alpha)}(x) = g(x)\ \ f.\ddot{u}.$

Insofern ist man berechtigt, die Lösung obiger Integralgleichung als gebrochene Ableitung von f der Ordnung α, $0 < \alpha \leqq 1 - 1/p < 1/p$, aufzufassen.

---

[9] G. O. Okikiolu [1] beweist eine ähnliche Formel für $0 < \alpha < 1/p$.

KAPITEL 6

Eine Charakterisierung durch Scharen von Integralen

In den Abschnitten 4 und 5 wird insbesondere durch die Fouriertransformationsmethode deutlich, daß die Klassen V_α^p, $V_\alpha^{\sim p}$ hier von besonderer Bedeutung sind. Zunächst soll entsprechend den Sätzen 4.1, 4.2, 4.3 und 5.6, 5.7 eine O-Bedingung zur Charakterisierung dieser Funktionenklassen aufgestellt werden. Hierzu dienen Ausdrücke der Form

$$(6.01) \qquad \int_\varepsilon^\infty t^{-(1+\alpha)} \bar{\Delta}_t^2 f(x)\, dt \qquad (0 < \alpha < 2),$$

die von G. SUNOUCHI [1] im Fall $0 < \alpha \le 1$ für periodische Funktionen untersucht wurden. In einer anderen Arbeit (G. SUNOUCHI [2]) erweitert er (6.01) auf $\alpha > 0$, indem er die zweite zentrale Differenz durch eine zentrale Differenz der Ordnung $2s$, $0 < \alpha < 2s$, ersetzt. Wir übertragen im Falle $0 < \alpha < 2$ dieses Ergebnis auf nicht-periodische Funktionen, die auf der reellen Zahlengeraden definiert sind. Ist $\alpha \ge 2$, so benutzen wir wie P. L. BUTZER – E. GÖRLICH [1] statt der $(2s)$-ten zentralen Differenz von f die zweite zentrale Differenz gewisser Ableitungen von f bzw. $f^\sim$.

6.1 Gleichmäßige Beschränktheit gewisser Integralscharen

Wie in der Arbeit von P. L. BUTZER – E. GÖRLICH [1; p. 47] werden nun entsprechende Versionen der Lemmata von R. SALEM – A. ZYGMUND [1] benötigt, und zwar für den speziellen Kern von Jackson – de La Vallée Poussin, dessen Fouriertransformierte (1.07) wir im folgenden mit $\hat{\chi_3}$ bezeichnen werden. Wir benutzen als Schreibweise für die Faltung dieses Kerns mit f

$$(6.02) \qquad J_{2N} f(x) = \frac{3}{4\pi N^3} \int_{-\infty}^\infty \left(\frac{2}{y}\sin\frac{Ny}{2}\right)^4 f(x-y)\, dy.$$

Dann gilt

Hilfssatz 6.1 *Aus $f \in \mathrm{Lip}^*(\varrho, p)$, $1 \le p \le 2$, $0 < \varrho < 2$ folgt*

$$(6.03) \qquad \|\bar{\Delta}_t^2 f - J_{2N}\bar{\Delta}_t^2 f\|_p = O(N^{-\varrho}) \qquad (N \to \infty)$$

gleichmäßig in t.

Beachtet man zum Beweise, daß $3(4\pi N^3)^{-1} \int_{-\infty}^\infty (2y^{-1}\sin Ny/2)^4\, dy = 1$, so gilt nach Anwendung der Voraussetzung und der verallgemeinerten Minkowski-Ungleichung für die Differenz in der Norm

$$\|\bar{\Delta}_t^2 f - J_{2N}\bar{\Delta}_t^2 f\|_p$$

$$= \left\| \frac{3}{4\pi N^3} \int_0^\infty \left(\frac{2}{y}\sin\frac{Ny}{2}\right)^4 \{2\,\bar{\Delta}_t^2 f(\cdot) - \bar{\Delta}_t^2 f(\cdot - y) - \bar{\Delta}_t^2 f(\cdot + y)\}\, dy \right\|_p$$

$$= \left\| \frac{3}{4\pi N^3} \int_0^\infty \left(\frac{2}{y}\sin\frac{Ny}{2}\right)^4 \bar{\Delta}_t^2(\bar{\Delta}_y^2 f(\cdot))\, dy \right\|_p$$

$$\le \frac{3}{4\pi N^3} \int_0^\infty \left(\frac{2}{y}\sin\frac{Ny}{2}\right)^4 \|\bar{\Delta}_t^2(\bar{\Delta}_y^2 f(\cdot))\|_p\, dy = O\left(N^{-3} \int_0^\infty \left(\frac{2}{y}\sin\frac{Ny}{2}\right)^4 \|\bar{\Delta}_y^2 f(\cdot)\|_p\, dy\right)$$

$$= O\left(N^{-3} \int_0^\infty \left(\frac{2}{y}\sin\frac{Ny}{2}\right)^4 y^\varrho\, dy\right) = O(N^{-\varrho} \int_0^\infty y^{\varrho-4}\sin^4 y\, dy) = O(N^{-\varrho}).$$

Hilfssatz 6.2 *Aus* $f \in \mathrm{Lip}^*(\varrho, p)$, $1 \leqq p \leqq 2$, $0 < \varrho < 2$ *folgt*

$$(6.04) \qquad \| J_{2N} \bar{\varDelta}_t^2 f \|_p = O(t^2 N^{2-\varrho}) \qquad (N > 0).$$

Zum Beweise benutzen wir die Taylorformel

$$g(t) = g(0) + t \cdot g'(0) + \int_0^t (t-u)\, g''(u)\, du$$

und setzen $g(t) = J_{2N} \bar{\varDelta}_t^2 f(x)$. Offensichtlich ist

$$(6.05) \qquad J_{2N} \bar{\varDelta}_t^2 f(x)|_{t=0} = 0.$$

Für festes $N > 0$ gilt

$$\frac{\partial J_{2N} \bar{\varDelta}_t^2 f(x)}{\partial t} = \frac{3}{4\pi N^3} \int_{-\infty}^{\infty} \frac{\partial}{\partial t} \left[\left(\frac{2}{y-t} \sin \frac{N}{2}(y-t) \right)^4 \right.$$

$$\left. + \left(\frac{2}{y+t} \sin \frac{N}{2}(y+t) \right)^4 \right] f(x-y)\, dy$$

$$= \frac{3}{4\pi N^3} \int_{-\infty}^{\infty} \left\{ \frac{d}{dz} \left[\frac{2}{z} \sin \frac{N}{2} z \right]^4 \right\} \{ f(x-z+t) - f(x-z-t) \}\, dz.$$

Hieraus folgt

$$(6.06) \qquad \frac{\partial}{\partial t} J_{2N} \bar{\varDelta}_t^2 f(x)|_{t=0} = 0.$$

Analog zeigt man [10]

$$\frac{\partial^2}{\partial t^2} J_{2N} \bar{\varDelta}_t^2 f(x)$$

$$= \frac{3}{4\pi N^3} \int_{-\infty}^{\infty} \left\{ \frac{d^2}{dz^2} \left[\frac{2}{z} \sin \frac{N}{2} z \right]^4 \right\} \{ f(x-z+t) + f(x-z-t) \}\, dz.$$

Da wegen

$$J_{2N} 1(x) \equiv \frac{3N}{4\pi} \int_{-\infty}^{\infty} \left(\frac{2}{Nz} \sin \frac{N}{2} z \right)^4 dz = 1,$$

$$(J_{2N} 1)''(x) = \frac{3N}{4\pi} \int_{-\infty}^{\infty} \frac{d^2}{dz^2} \left(\frac{2}{Nz} \sin \frac{N}{2} z \right)^4 dz = 0$$

ist, darf dem Integranden $\{ -f(x+t) - f(x-t) \}$ hinzugefügt werden. Damit folgt

$$\frac{\partial^2}{\partial t^2} J_{2N} \bar{\varDelta}_t^2 f(x) = \frac{3N}{4\pi} \int_0^{\infty} \left\{ \frac{d^2}{dz^2} \left[\frac{2}{Nz} \sin \frac{N}{2} z \right]^4 \right\} \{ \varDelta_z^2 f(x+t) + \varDelta_z^2 f(x-t) \}\, dz.$$

[10] Einige der hier benutzten Rechentricks wurden der Arbeit von M. Zamansky [1] entnommen.

Setzt man dies in die obige Taylorformel ein und beachtet (6.05) und (6.06), so ist mit Hilfe der verallgemeinerten Minkowski-Ungleichung und der Voraussetzung

$$\|J_{2N}\bar{\Delta}_t^2 f\|_p$$

$$= \left\| \int_0^t (t-u)\,\frac{3N}{4\pi} \int_0^\infty \left\{ \frac{d^2}{dz^2}\left[\frac{2}{Nz}\sin\frac{N}{2}z \right]^4 \right\} \{ \bar{\Delta}_z^2 f(\cdot + u) + \bar{\Delta}_z^2 f(\cdot - u) \}\, dz\, du \right\|_p$$

$$\leq \int_0^{|t|} |\,|t| - u|\, du\,\frac{3N}{4\pi} \int_0^\infty \left| \frac{d^2}{dz^2}\left[\frac{2}{Nz}\sin\frac{N}{2}z \right]^4 \right| \{ \|\bar{\Delta}_z^2 f(\cdot + u)\|_p + \|\bar{\Delta}_z^2 f(\cdot - u)\|_p \}\, dz$$

$$= O\left(t^2 N^{2-\varrho} \int_0^\infty z^\varrho \left| \frac{d^2}{dz^2}\left[\frac{\sin z}{z} \right]^4 \right| dz \right) = O(t^2 N^{2-\varrho}).$$

Mit diesen beiden Hilfssätzen läßt sich das Analogon zu Lemma 4.1 von P. L. BUTZER – E. GÖRLICH [1] beweisen.

Hilfssatz 6.3 *Ist* $f \in L^p(E) \cap \text{Lip}^*(\varrho, p)$, $1 \leq p \leq 2$ *und* $0 < \varrho < 2$, *so gilt*

$$\left\| \int_{1/N}^\infty t^{-(1+\varrho)}\bar{\Delta}_t^2 f(x)\, dt + C_\varrho \int_{-\infty}^\infty \hat{\chi_3}\left(\frac{v}{N}\right)|v|^\varrho \hat{f}(v)\, e^{ixv}\, dv \right\|_p = O(1)$$

gleichmäßig in $N > 0$, *wo* $C_\varrho = 4 \int_0^\infty y^{-(1+\varrho)}\sin^2 y/2\, dy$.

Da der Kern gerade ist, gilt offensichtlich auf Grund der Parsevalformel 1.7 und der Formeln (1.04) und (1.07)

$$J_{2N}\bar{\Delta}_t^2 f(x) = \int_{-\infty}^\infty \hat{\chi_3}\left(\frac{v}{N}\right)[\bar{\Delta}_t^2 f]\hat{}\,(v)\, e^{ixv}\, dv$$

$$= \int_{-\infty}^\infty \hat{\chi_3}\left(\frac{v}{N}\right)\{e^{ivt} + e^{-ivt} - 2\}\hat{f}(v)\, e^{ixv}\, dv$$

$$= -4 \int_{-\infty}^\infty \hat{\chi_3}\left(\frac{v}{N}\right)\sin^2\frac{vt}{2}\hat{f}(v)\, e^{ixv}\, dv.$$

Das folgende Integral ist für festes $N > 0$ absolut konvergent, und eine Vertauschung der Integrationsfolge ist nach dem Satz von Fubini erlaubt.

$$(6.07) \qquad \int_0^\infty t^{-(1+\varrho)} J_{2N}\bar{\Delta}_t^2 f(x)\, dt$$

$$= -4 \int_0^\infty t^{-(1+\varrho)}\, dt \int_{-\infty}^\infty \hat{\chi_3}\left(\frac{v}{N}\right)\hat{f}(v)\sin^2\frac{vt}{2}\, e^{ixv}\, dv$$

$$= -4 \int_{-\infty}^\infty \hat{\chi_3}\left(\frac{v}{N}\right)\hat{f}(v)\, e^{ixv}\, dv \int_0^\infty t^{-(1+\varrho)}\sin^2\frac{vt}{2}\, dt$$

$$= -C_\varrho \int_{-\infty}^\infty \hat{\chi_3}\left(\frac{v}{N}\right)|v|^\varrho \hat{f}(v)\, e^{ixv}\, dv,$$

wobei

$$\int_0^\infty t^{-(1+\varrho)}\sin^2\frac{vt}{2}\, dt = |v|^\varrho \int_0^\infty t^{-(1+\varrho)}\sin^2\frac{t}{2}\, dt = \frac{C_\varrho}{4}|v|^\varrho$$

benutzt wurde.

Wegen (6.07) gilt

$$\left\| \int\limits_{1/N}^{\infty} t^{-(1+\varrho)} \bar\Delta_t^2 f(x)\, dt + C_\varrho \int\limits_{-\infty}^{\infty} \hat{\chi_3}\left(\frac{v}{N}\right) |v|^\varrho f^\wedge(v)\, e^{ixv} dv \right\|_p$$

$$\leq \left\| \int\limits_{0}^{1/N} t^{-(1+\varrho)} J_{2N} \bar\Delta_t^2 f(\cdot)\, dt \right\|_p + \left\| \int\limits_{1/N}^{\infty} t^{-(1+\varrho)} \{\bar\Delta_t^2 f(\cdot) - J_{2N}\bar\Delta_t^2 f(\cdot)\}\, dt \right\|_p = I_1 + I_2.$$

Läßt sich zeigen, daß I_1 und I_2 gleichmäßig für $N > 0$ beschränkt sind, so ist alles bewiesen. Man wende nun auf I_1 und I_2 die verallgemeinerte Minkowski-Ungleichung, Hilfssatz 6.2 bzw. 6.1 an und erhält

$$I_1 + I_2 \leq \int\limits_{0}^{1/N} t^{-(1+\varrho)} \|J_{2N}\bar\Delta_t^2 f\|_p\, dt + \int\limits_{1/N}^{\infty} t^{-(1+\varrho)} \|\bar\Delta_t^2 f - J_{2N}\bar\Delta_t^2 f\|_p\, dt$$

$$= O(N^{2-\varrho} \int\limits_{0}^{1/N} t^{1-\varrho} dt) + O(N^{-\varrho} \int\limits_{1/N}^{\infty} t^{-(1+\varrho)} dt) = O(1).$$

Für $\varrho = 2$ haben wir folgenden

Hilfssatz 6.4 *Ist $f, f' \in L^p(E)$, $1 \leq p \leq 2$, $(f^\sim)'(x) = (f')^\sim(x)$ f.ü. und $(f^\sim)' \in \mathrm{Lip}^*(1,p)$, so gilt gleichmäßig in $N > 0$*

$$\left\| \int\limits_{1/N}^{\infty} t^{-2} \bar\Delta_t^2 (f^\sim)'(x)\, dt + C_2 \int\limits_{-\infty}^{\infty} \hat{\chi_3}\left(\frac{v}{N}\right) |v|^2 f^\wedge(v)\, e^{ixv} dv \right\|_p = O(1),$$

wo C_2 eine von p, f unabhängige Konstante ist.

Mit der Argumentation von Hilfssatz 6.3 unter Beachtung der Signumregel 2.7 für festes t (beliebig) und des Satzes 4.1 folgt

$$J_{2N}\bar\Delta_t^2 (f^\sim)'(x)$$

$$= \int\limits_{-\infty}^{\infty} \hat{\chi_3}\left(\frac{v}{N}\right) [\bar\Delta_t^2(f^\sim)']^\wedge(v)\, e^{ixv} dv = \int\limits_{-\infty}^{\infty} \hat{\chi_3}\left(\frac{v}{N}\right) (-i\,\mathrm{sgn}\,v) [\bar\Delta_t^2 f']^\wedge(v)\, e^{ixv} dv$$

$$= \int\limits_{-\infty}^{\infty} \hat{\chi_3}\left(\frac{v}{N}\right) (-i\,\mathrm{sgn}\,v)(iv) f^\wedge(v)\left(-4\sin^2\frac{vt}{2}\right) e^{ixv} dv$$

$$= -4 \int\limits_{-\infty}^{\infty} \hat{\chi_3}\left(\frac{v}{N}\right) |v| f^\wedge(v) \sin^2\frac{vt}{2}\, e^{ixv} dv.$$

Die gleiche Argumentation ergibt für jedes $N > 0$

$$(6.08) \qquad \int\limits_{0}^{\infty} t^{-2} J_{2N}\bar\Delta_t^2 (f^\sim)'(x)\, dt + C_2 \int\limits_{-\infty}^{\infty} \hat{\chi_3}\left(\frac{v}{N}\right) |v|^2 f^\wedge(v)\, e^{ixv} dv = 0.$$

Da sich an den folgenden Abschätzungen nichts ändert, ist alles bewiesen.

Hiermit lassen sich ähnlich wie in P. L. Butzer – E. Görlich [1] O-Bedingungen für die zu Anfang erwähnten Funktionenklassen V_α^p, $V_\alpha^{\sim p}$ aufstellen.

Satz 6.5   *Ist* $f \in \mathsf{L}^p(E)$, $1 \leq p \leq 2$ *und* $2\,k < \alpha < 2\,(k+1)$, $k = 0, 1, \ldots$, *dann sind folgende Bedingungen äquivalent :*

a)
$$\left\| \int_{-\infty}^{\infty} \chi_{\hat{3}}\left(\frac{v}{N}\right) |v|^{\alpha} f^{\wedge}(v)\, e^{ixv}\, dv_p \right\|_p = O(1)$$

gleichmäßig für $N > 0$;

b) $f, \ldots, f^{(2k-1)} \in \mathsf{AC}(E)$, $f^{(2k)} \in \mathsf{L}^p(E)$ *und*

(6.09)
$$\left\| \int_{\varepsilon}^{\infty} t^{-(1+\alpha-2k)} \bar{\Delta}_t^2 f^{(2k)}(\cdot)\, dt \right\|_p = O(1)$$

gleichmäßig für $\varepsilon > 0$.

Ist $f \in \mathsf{L}^1(E)$ *und* $\alpha = 2(k+1)$, $k = 0, 1, \ldots$, *dann ist die Aussage* a) *äquivalent mit der Aussage*

b') $f^{\sim}, \ldots, (f^{\sim})^{(2k)} \in \mathsf{AC}(E)$, $f^{\sim}, (f^{\sim})^{(2k+1)} \in \mathsf{L}^2(E)$ *und*

(6.10)
$$\left\| \int_{\varepsilon}^{\infty} t^{-2} \bar{\Delta}_t^2 (f^{\sim})^{(2k+1)}(\cdot)\, dt \right\|_1 = O(1)$$

gleichmäßig für $\varepsilon > 0$.

Sei $f \in \mathsf{L}^p(E)$, $1 < p \leq 2$, $\alpha = 2\,(k+1)$, $k = 0, 1, \ldots$. *Die Bedingung* a) *ist genau dann erfüllt, wenn*

b'') $f^{\sim}, \ldots, (f^{\sim})^{(2k)} \in \mathsf{AC}(E)$, $(f^{\sim})^{(\alpha-1)} \in \mathsf{L}^p(E)$ *und Formel* (6.10) *in der* L^p-*Norm gültig ist.*

Betrachtet man zunächst den Beweisschritt a) $\Rightarrow$ b), so folgt mit Satz 1.12 $f, \ldots, f^{(2k-1)} \in \mathsf{AC}(E)$, $f^{(2k)} \in \mathsf{L}^p(E)$ und trivialerweise $f^{(2k)} \in \mathrm{Lip}^*(\alpha - 2\,k, p)$. Unter Beachtung von $[f^{(2k)}]^{\wedge}(v) = (-1)^k |v|^{2k} f^{\wedge}(v)$ *f.ü.* nach Satz 4.1 folgt mit dem Hilfssatz 6.3 aus der Bedingung a) unmittelbar (6.09), da $N = \varepsilon^{-1}$ gewählt werden kann. Will man a) $\Rightarrow$ b') bzw. a) $\Rightarrow$ b'') zeigen, so werden mit Lemma 2.4 und Folgerung 4.9 bzw. 2.12 die Voraussetzungen des Hilfssatzes 6.4 erfüllt; mit Satz 4.2 und der Bedingung a) folgt (6.10). Gilt umgekehrt Aussage b), so ist wegen (6.07) und Satz 4.1

$$\left\| \int_{-\infty}^{\infty} \chi_{\hat{3}}\left(\frac{v}{N}\right) |v|^{\alpha} f^{\wedge}(v)\, e^{ixv}\, dv \right\|_p = |C_{\alpha}|^{-1} \left\| \int_0^{\infty} t^{-(1+\alpha-2k)} J_{2N} \bar{\Delta}_t^2 f^{(2k)}(\cdot)\, dt \right\|_p$$

$$\leq \liminf_{\varepsilon \to 0+} |C_{\alpha}|^{-1} \left\| \int_{\varepsilon}^{\infty} t^{-(1+\alpha-2k)} \bar{\Delta}_t^2 f^{(2k)}(\cdot)\, dt \right\|_p = O(1).$$

Gilt (6.10), so ist wegen (6.08) und wegen der Sätze 4.2 und 4.3

$$\left\| \int_{-\infty}^{\infty} \chi_{\hat{3}}\left(\frac{v}{N}\right) |v|^{2k+2} f^{\wedge}(v)\, e^{ixv}\, dv \right\|_p = |C_{2k}|^{-1} \left\| \int_0^{\infty} t^{-2} J_{2N} \bar{\Delta}_t^2 (f^{\sim})^{(2k+1)}(\cdot)\, dt \right\|_p$$

$$\leq \liminf_{\varepsilon \to 0+} |C_{2k}|^{-1} \left\| \int_{\varepsilon}^{\infty} t^{-2} \bar{\Delta}_t^2 (f^{\sim})^{(2k+1)}(\cdot)\, dt \right\|_p = O(1)$$

mit der gleichen Argumentation wie vorher. Damit ist Satz 6.5 bewiesen.

Ersetzt man in Satz 6.5 f durch $f^\sim$, so gilt für $1 < p \le 2$ wegen der Lemmata 2.2, 2.3, 2.4 und der Signumregel 2.7

Satz 6.6   *Ist* $f \in L^p(E)$, $1 < p \le 2$ *und* $2k < \alpha < 2(k+1)$, $k = 0, 1, \ldots$, *dann sind folgende Bedingungen äquivalent :*

a)
$$\left\| \int_{-\infty}^{\infty} \hat{\chi_3}\left(\frac{v}{N}\right) (-i \operatorname{sgn} v)\, |v|^\alpha f^\wedge(v)\, e^{ixv}\, dv \right\|_p = O(1)$$

gleichmäßig für $N > 0$;

b) $f^\sim, \ldots, (f^\sim)^{(2k-1)} \in AC(E)$, $(f^\sim)^{(2k)} \in L^p(E)$ *und*

(6.11)
$$\left\| \int_{\varepsilon}^{\infty} t^{-(1+\alpha-2k)} \bar{\Delta}_t^2 (f^\sim)^{(2k)}(\cdot)\, dt \right\|_p = O(1)$$

gleichmäßig in $\varepsilon > 0$.

Sei $f \in L^p(E)$, $1 < p \le 2$, $\alpha = 2(k+1)$, $k = 0, 1, \ldots$. *Die Bedingung* a) *ist genau dann erfüllt, wenn*

b'') $f, \ldots, f^{(2k)} \in AC(E)$, $f^{(2k+1)} \in L^p(E)$ *und*

(6.12)
$$\left\| \int_{\varepsilon}^{\infty} t^{-2} \bar{\Delta}_t^2 f^{(2k+1)}(\cdot)\, dt \right\|_p = O(1)$$

gleichmäßig in $\varepsilon > 0$ *gilt.*

Wie aus dem Obigen zu ersehen ist, läßt sich Formel (6.12) auf den Fall $2k + 1 < \alpha < 2(k+1) + 1$ und $1 \le p \le 2$ übertragen. (6.11) würde auch für $p = 1$ gelten, wenn man aus a) auf die Existenz eines $p_0 = p_0(\alpha)$, $1 < p_0 \le 2$, mit $f^\sim, (f^\sim)^{(2k)} \in L^{p_0}(E)$ schließen kann. Ist $2k + 1/2 < \alpha < 2(k+1)$, so läßt sich $f^\sim, (f^\sim)^{(2k)} \in L^2(E)$ leicht zeigen.

Mit diesen O-Bedingungen kann man wie P. L. BUTZER – E. GÖRLICH [2; p. 381] auf ein Konvergenzverhalten von (6.01) in der L^p-Norm für $\varepsilon \to 0 +$ schließen. Dies ist dem nächsten Abschnitt vorbehalten.

6.2 Normkonvergenz von Integralscharen

Wir beschränken den Exponentenbereich α auf $0 < \alpha < 2$ und untersuchen das Integral (6.01). Analoges gilt für (6.10), (6.11) und (6.12). Wir betrachten nun den Funktionenraum

(6.13) $X = \{f;\, |v|^\alpha f^\wedge(v) = g^\wedge(v)\ \text{f.ü.},\ \ 0 < \alpha < 2,\ f, g \in L^p(E), 1 \le p \le 2\}$.

Offensichtlich ist X ein linearer Raum und wird normiert durch

(6.14) $\|f\|_X = \|f\|_p + \|g\|_p$;

denn es gilt für alle $f \in X$

a) $\|f\|_X \ge 0$, mit $\|f\|_X = 0$ genau dann, wenn $f = \theta$,

b) $\|\gamma f\|_X = |\gamma|\, \|f\|_X$, wo γ eine skalare Größe ist,

c) $\|f_1 + f_2\|_X \le \|f_1\|_X + \|f_2\|_X$.

Ist X vollständig, so stellt X nach Definition einen Banachraum dar. Um letzteres zu zeigen, gibt man eine Cauchyfolge $\{f_n\} \in X$ vor: zu jedem $\varepsilon > 0$ existiert ein $n_0(\varepsilon)$, so daß für alle $m, n \geq n_0(\varepsilon)$ $\|f_n - f_m\|_X = \|f_n - f_m\|_p + \|g_n - g_m\|_p < \varepsilon$ ist, wo $|v|^\alpha \hat{f_n}(v) = \hat{g_n}(v)$ f.ü. Die Vollständigkeit des Raumes $L^p(E)$, $1 \leq p \leq 2$, liefert Elemente $f, g \in L^p(E)$ mit $\lim\limits_{n \to \infty} \|f_n - f\|_p = 0$ und $\lim\limits_{n \to \infty} \|g_n - g\|_p = 0$. Nun ist $f \in X$,

falls $\lim\limits_{n \to \infty} \|f_n - f\|_X = 0$ oder äquivalent hierzu, falls $|v|^\alpha f^{\hat{}}(v) = g^{\hat{}}(v)$ f.ü. erfüllt ist.

Ist $p = 1$, so folgt unmittelbar $|\hat{f_n}(v) - f^{\hat{}}(v)| \leq \left(1/\sqrt{2\pi}\right) \int\limits_{-\infty}^{\infty} |f_n(x) - f(x)|\, dx = o(1)$

für $n \to \infty$ und analog $\lim\limits_{n \to \infty} \hat{g_n}(v) = g^{\hat{}}(v)$ für alle v, d. h.

$$|v|^\alpha f^{\hat{}}(v) = \lim\limits_{n \to \infty} |v|^\alpha \hat{f_n}(v) = \lim\limits_{n \to \infty} \hat{g_n}(v) = g^{\hat{}}(v).$$

Ist $1 < p \leq 2$, so folgt wegen (1.11) $\|\hat{f_n} - f^{\hat{}}\|_{p'} \leq \|f_n - f\|_p = o(1)$ für $n \to \infty$ und analog $\lim\limits_{n \to \infty} \|\hat{g_n} - g^{\hat{}}\|_{p'} = 0$.

Dann existiert eine gemeinsame Teilfolge $\{n_j\}$ mit $\lim\limits_{j \to \infty} \hat{f_{n_j}}(v) = f^{\hat{}}(v)$ für fast alle v

und $\lim\limits_{j \to \infty} \hat{g_{n_j}}(v) = g^{\hat{}}(v)$ für fast alle v. Also gilt $|v|^\alpha f^{\hat{}}(v) = \lim\limits_{j \to \infty} |v|^\alpha \hat{f_{n_j}}(v) = \lim\limits_{j \to \infty} \hat{g_{n_j}}(v)$

$= g^{\hat{}}(v)$ f.ü. d. h. $f \in X$. Somit ist X ein Banachraum.

Wir führen nun für festes α eine Operatorenschar $T_\varepsilon^{(\alpha)}$ ein und zeigen, daß sie für $\varepsilon \to 0 +$ gegen einen Grenzoperator $T^{(\alpha)}$ strebt:

$$(6.01^*) \qquad T_\varepsilon^{(\alpha)} f(x) = \int\limits_{\varepsilon}^{\infty} t^{-(1+\alpha)} \bar{\Delta}_t^2 f(x)\, dt \qquad (0 < \alpha < 2).$$

Wählt man $f \in X$, so ist nach Satz 6.5 $T_\varepsilon^{(\alpha)} f \in L^p(E)$ und $X \subset \{f; f \in L^p(E), 1 \leq p \leq 2,$ $\|T_\varepsilon^{(\alpha)} f\|_p = O(1)$ *für alle* $\varepsilon > 0\}$, d. h. $T_\varepsilon^{(\alpha)} f$ ist in der Norm für jedes feste $f \in X$ bezüglich ε gleichmäßig beschränkt.

Nach dem Satz über die gleichmäßige Beschränktheit von Operatoren (»uniform boundedness principle«) gilt die Ungleichung

$$(6.15) \qquad \|T_\varepsilon^{(\alpha)} f\|_p \leq M \|f\|_X \text{ für alle } f \in X \text{ und } \varepsilon > 0, \text{ d. h.}$$

$$\|T_\varepsilon^{(\alpha)}\|_{[X, L^p(E)]} \leq M \qquad (\text{alle } \varepsilon > 0).$$

Der Operator $T_\varepsilon^{(\alpha)}$ ist also ein gleichmäßig beschränkter Operator; der den Banachraum X in den Banachraum $L^p(E)$ abbildet.

Läßt sich nun ferner zeigen, daß $T_\varepsilon^{(\alpha)}$ auf einer in X dichten Menge A stark konvergent ist, d. h.

$$(6.16) \qquad \lim\limits_{\varepsilon_1 \to 0+, \, \varepsilon_2 \to 0+} \|T_{\varepsilon_1}^{(\alpha)} h - T_{\varepsilon_2}^{(\alpha)} h\|_p = 0,$$

falls $h \in A$, so sind die Voraussetzungen des Satzes von Banach–Steinhaus erfüllt, und es existiert zu jedem $f \in X$ ein Element $\bar{g} \in L^p(E)$ mit

$$(6.17) \qquad \lim\limits_{\varepsilon \to 0+} \|T_\varepsilon^{(\alpha)} f - \bar{g}\|_p = 0.$$

Um (6.16) nachzuweisen, zeigen wir, daß die Menge A der Faltungsprodukte des Abel–Poisson Kerns mit $f \in X$, d. h.

$$A = \left\{ f_\delta; f_\delta(x) = \frac{1}{\pi} \int\limits_{-\infty}^{\infty} \frac{\delta}{\delta^2 + y^2} f(x - y)\, dy, f \in X \right\},$$

eine Fundamentalmenge in X bezüglich der Norm (6.14) darstellt. Die Menge A ist trivialerweise in X enthalten, da wegen

$$|v|^\alpha f^\smallfrown(v) = g^\smallfrown(v) \ f.\ddot{u}., \ g_\delta(x) = \left(1/\sqrt{2\pi}\right) \int\limits_{-\infty}^{\infty} e^{-\delta|v|} |v|^\alpha f^\smallfrown(v) e^{ixv} dv \in \mathsf{L}^p(E)$$

nach Lemma 1.3 und somit $|v|^\alpha f_\delta^\smallfrown(v) = g_\delta^\smallfrown(v) \ f.\ddot{u}.$ Offensichtlich ist A dicht in X, da zu vorgegebenem $f \in \mathsf{X}$ und $\eta > 0$ nach (1.15) ein $\delta_0(\eta)$ existiert, so daß $\|f - f_\delta\|_{\mathsf{X}} = \|f - f_\delta\|_p + \|g - g_\delta\|_p < \eta$ für alle $0 < \delta < \delta_0(\eta)$.

Es bleibt also noch

$$(6.18) \qquad \| \int\limits_{\varepsilon_1}^{\varepsilon_2} t^{-(1+\alpha)} \bar{\Delta}_t^2 f_\delta(\cdot) \, dt \|_p = o(1)$$

für $\varepsilon_1, \varepsilon_2 \to 0 +$ und jedes feste $\delta > 0$ zu zeigen. Man beachte nun

$$\bar{\Delta}_t^2 f_\delta(x) = \frac{1}{\pi} \int\limits_{-\infty}^{\infty} \frac{\delta}{\delta^2 + y^2} \{f(x - y + t) + f(x - y - t) - 2f(x - y)\} \, dy$$

$$= \frac{1}{\pi} \int\limits_{-\infty}^{\infty} \left\{ \frac{\delta}{\delta^2 + (y-t)^2} + \frac{\delta}{\delta^2 + (y+t)^2} - \frac{2\delta}{\delta^2 + y^2} \right\} f(x - y) \, dy$$

$$= \frac{1}{\pi} \int\limits_{-\infty}^{\infty} f(x - y) \, dy \int\limits_0^t (t - u) \left\{ \frac{6\delta(y-u)^2 - 2\delta^3}{[\delta^2 + (y-u)^2]^3} + \frac{6\delta(y+u)^2 - 2\delta^3}{[\delta^2 + (y+u)^2]^3} \right\} du.$$

Die letztere Gleichheit gilt auf Grund einer Taylorentwicklung an der Stelle $t = 0$. Benutzt man nun mehrfach den Satz von Fubini und die verallgemeinerte Minkowski-Ungleichung, so folgt unmittelbar für jedes $\delta > 0$

$$\| \int\limits_{\varepsilon_1}^{\varepsilon_2} t^{-(1+\alpha)} \bar{\Delta}_t^2 f_\delta(\cdot) \, dt \|_p \leqq \int\limits_{\varepsilon_1}^{\varepsilon_2} t^{-(1+\alpha)} \, dt \int\limits_0^t (t-u) \, du \int\limits_{-\infty}^{\infty} 2 \left| \frac{6\delta y^2 - 2\delta^3}{(\delta^2 + y^2)^3} \right| dy \, \|f\|_p$$

$$= M \|f\|_p \int\limits_{\varepsilon_1}^{\varepsilon_2} t^{-(1+\alpha)} \frac{t^2}{2!} \, dt = o(1)$$

für $\varepsilon_1, \varepsilon_2 \to 0 +$ und $0 < \alpha < 2$. Da (6.18) mit (6.16) äquivalent ist, ist hiermit im wesentlichen eine Richtung des folgenden Satzes bewiesen.

Satz 6.7[11] $\qquad$ *Ist $f, g \in \mathsf{L}^p(E)$, $1 \leqq p \leqq 2$, so gilt für ein α in $0 < \alpha < 2$*

$$(6.19) \qquad |v|^\alpha f^\smallfrown(v) = g^\smallfrown(v) \ \ f.\ddot{u}.$$

genau dann, wenn

$$(6.20) \qquad \lim_{\varepsilon \to 0+} \| C_\alpha^{-1} \int\limits_\varepsilon^{\infty} t^{-(1+\alpha)} \bar{\Delta}_t^2 f(\cdot) \, dt + g(\cdot) \|_p = 0.$$

Zum Beweise bleibt noch übrig, die Implikation: aus (6.20) folgt (6.19) nachzuweisen. Ist dies bewiesen, so muß auf Grund der Eindeutigkeit der Fouriertransformation in (6.17) $\bar{g}(x) = - C_\alpha g(x) \ f.\ddot{u}.$ sein. Deshalb ist mit dem Vorigen gezeigt, daß (6.19)

---

[11] E. M. STEIN [1] hat im wesentlichen diesen Satz für $p > 1$ und in mehreren Dimensionen angegeben, jedoch ohne Beweis.

68

(6.20) beinhaltet. Gelte nun (6.20). Dann gilt offensichtlich nach (6.07) und der Parseval-formel 1.7

$$\int\limits_0^\infty t^{-(1+\alpha)} J_{2N} \bar{\Delta}_t^2 f(x)\,dt + C_\alpha \int\limits_{-\infty}^\infty \hat{\chi_3}\left(\frac{v}{N}\right) |v|^\alpha f^{\hat{}}(v)\,e^{ixv}\,dv$$

$$- C_\alpha \int\limits_{-\infty}^\infty \hat{\chi_3}\left(\frac{v}{N}\right) g^{\hat{}}(v)\,e^{ixv}\,dv + C_\alpha J_{2N} g(x) = 0.$$

Benutzt man nun das Lemma von Fatou, den Satz von Fubini und den Faltungssatz 1.4, so folgt mit (6.20)

$$\left\| C_\alpha \int\limits_{-\infty}^\infty \hat{\chi_3}\left(\frac{v}{N}\right) \{|v|^\alpha f^{\hat{}}(v) - g^{\hat{}}(v)\}\,e^{ixv}\,dv \right\|_p$$

$$\leq \liminf_{\varepsilon \to 0+} \left\| \int\limits_\varepsilon^\infty t^{-(1+\alpha)} J_{2N} \bar{\Delta}_t^2 f(\cdot)\,dt + C_\alpha J_{2N} g(\cdot) \right\|_p$$

$$= \liminf_{\varepsilon \to 0+} \left\| J_{2N} \{ \int\limits_\varepsilon^\infty t^{-(1+\alpha)} \bar{\Delta}_t^2 f(\cdot)\,dt + C_\alpha g(\cdot) \} \right\|_p$$

$$\leq \liminf_{\varepsilon \to 0+} \left\| \int\limits_\varepsilon^\infty t^{-(1+\alpha)} \bar{\Delta}_t^2 f(\cdot)\,dt + C_\alpha g(\cdot) \right\|_p = 0.$$

Hieraus ergibt sich (6.19) mit Hilfe des Darstellungssatzes 1.9 und der Formel (1.21). Wie schon vorher erwähnt, ist die Formulierung und der Beweis des Satzes 6.7 für $\alpha > 2$ und $\alpha \neq 2\,k$, $k = 1, 2, \ldots$ analog leicht durchzuführen. Wegen der Lemmata 2.2 und 2.4 gilt die Argumentation von oben auch für $1 < p \leq 2$ und $\alpha = 2\,k$; im Falle $p = 1$ wird zusätzlich Satz 4.3 und Folgerung 4.9 benötigt, die gewährleisten, daß $f^{\sim}, (f^{\sim})^{(2k-1)} \in \mathsf{L}^2(E)$ und $(f^{\sim})^{(2k-1)} \in \mathsf{L}^1(E)$ gültig ist. Also gilt

Satz 6.8   *Sei $f, g \in \mathsf{L}^p(E)$, $1 \leq p \leq 2$ und $\alpha > 0$. Folgende Aussagen sind äquivalent:*

a) $$|v|^\alpha f^{\hat{}}(v) = g^{\hat{}}(v) \quad f.\ddot{u}.;$$

b) i) *ist $2\,k < \alpha < 2\,(k+1)$, $k = 0, 1, 2, \ldots$, so ist $f, \ldots, f^{(2k-1)} \in \mathsf{AC}(E)$, $f^{(2k)} \in \mathsf{L}^p(E)$ mit*

$$\lim_{\varepsilon \to 0+} \left\| \int\limits_\varepsilon^\infty t^{-(1+\alpha-2k)} \bar{\Delta}_t^2 f^{(2k)}(\cdot)\,dt + C_\alpha g(\cdot) \right\|_p = 0,$$

ii) *ist $\alpha = 2\,(k+1)$, $k = 0, 1, 2, \ldots$, so ist $f^{\sim}, \ldots, (f^{\sim})^{(2k)} \in \mathsf{AC}(E)$ mit*

$$\lim_{\varepsilon \to 0+} \left\| \int\limits_\varepsilon^\infty t^{-2} \bar{\Delta}_t^2 (f^{\sim})^{(2k+1)}(\cdot)\,dt + C_{2k+2} g(\cdot) \right\|_p = 0,$$

wobei für $1 < p \leq 2$ $(f^{\sim})^{(2k+1)} \in \mathsf{L}^p(E)$, für $p = 1$ $f \in \mathsf{L}^2(E)$ und $(f^{\sim})^{(2k+1)} \in \mathsf{L}^1 \cap \mathsf{L}^2(E)$.

Selbstverständlich läßt sich mit Hilfe von Satz 6.6 eine analoge Charakterisierung für die Menge der Funktionen $f, g \in \mathsf{L}^p(E)$ mit $(-i\,\operatorname{sgn} v) |v|^\alpha f^{\hat{}}(v) = g^{\hat{}}(v)$ f.ü. aufstellen. Für $1 < p \leq 2$ ist dies vermöge der Signumregel offensichtlich; der Fall $p = 1$ ist diffiziler zu behandeln. Wir verzichten auf eine explizite Formulierung und eine nähere Untersuchung dieses Falles.

Durch Satz 6.8 ist für alle $\alpha > 0$ ein Grenzoperator $T^{(\alpha)}$ durch

$$T^{(\alpha)} f(x) = \underset{\varepsilon \to 0+}{\overset{(p)}{\text{l.i.m.}}} \int\limits_\varepsilon^\infty t^{-(1+\alpha-2k)} \bar{\Delta}_t^2 \left(\frac{d}{dx}\right)^{2k} f(x)\,dt \quad (\alpha \neq 2\,k, f \in \mathsf{X})$$

und analog $\alpha = 2\,k$ eingeführt. Er stimmt auf Grund der Sätze 5.13, 5.15 und 6.8 bis auf einen Faktor mit den dort eingeführten Operatoren $(d/dx)^{2k+1} H_{2k+1-\alpha}$, falls $2\,k+1-1/p < \alpha < 2\,k+1$, und $(d/dx)^{2k+2} K_{2k+2-\alpha}$, falls $2\,k+2-1/p < \alpha < 2\,\mathrm{k}+2$, überein. Jedoch läßt sich aus dieser Darstellung der formale Zusammenhang zwischen den gebrochenen Ableitungen und der Integraldarstellung (6.01) schlecht erkennen.

6.3 Bestimmung gebrochener Ableitungen durch Grenzprozesse

Wir bestimmen nun durch andere Grenzprozesse zwei Operatoren $T_1^{(\alpha)}$ und $T_2^{(\alpha)}$ mit der Eigenschaft, daß $T_1^{(\alpha)}$ bis auf eine gewisse Konstante mit $T^{(\alpha)}$ auf dem Exponentenbereich $2\,k+1 < \alpha < 2\,k+2,\ k = 0, 1, \ldots$ und $T_2^{(\alpha)}$ mit $T^{(\alpha)}$ auf $2\,k < \alpha < 2\,k+1$ übereinstimmt. Wir betrachten hierzu Integralausdrücke der Form $\int\limits_{\varepsilon}^{\infty} t^{-(1+\alpha-[\alpha])} \{r(x+t)$

$-\,r(x-t)\}\,dt$, wo r bis auf einen von α abhängigen Faktor für die $[\alpha]$-te Ableitung von f bzw. $f^{\sim}$ steht. Der Einfachheit halber betrachten wir nur den Fall $p > 1$. Die entsprechende Übertragung auf den Fall $p = 1$ wird jeweils erwähnt.

Hilfssatz 6.9 *Sei $f \in \mathsf{L}^p(E)$, $1 < p \leq 2$, $\alpha > 0$ und $0 < \alpha - [\alpha] = \beta$. Es existiert ein $g \in \mathsf{L}^p(E)$ mit $(i\,\mathrm{sgn}\,v)\,(iv)^{[\alpha]}\,|v|^{\beta} f^{\hat{}}(v) = g^{\hat{}}(v)$ f.ü. genau dann, wenn $f, \ldots, f^{([\alpha]-1)} \in \mathsf{AC}(E), f^{([\alpha])} \in \mathsf{L}^p(E)$ und*

$$(6.21) \qquad \Big\| \int\limits_{\varepsilon}^{\infty} t^{-(1+\beta)}\,\bar{A}_t f^{([\alpha])}\,(\cdot)\,dt \Big\|_p = O(1)$$

gleichmäßig in $\varepsilon > 0$.

Beim Beweis geht man wie in Hilfssatz 6.3 und Satz 6.5 vor. Mit Satz 1.12 und Folgerung 2.14 ist offensichtlich $f, \ldots, f^{([\alpha]-1)} \in \mathsf{AC}(E)$ mit $f^{([\alpha])} \in \mathsf{L}^p(E) \cap \mathrm{Lip}\,(\beta, p)$. Mit Hilfe der Parsevalformel und des Satzes 4.1 ergibt sich wie in Hilfssatz 6.3

$$J_{2N}\,\bar{A}_t f^{([\alpha])}(x) = \int\limits_{-\infty}^{\infty} \chi_3^{\hat{}}\left(\frac{v}{N}\right) [\bar{A}_t f^{([\alpha])}]^{\hat{}}\,(v)\,e^{ixv}\,dv$$

$$= 2\,i \int\limits_{-\infty}^{\infty} \chi_3^{\hat{}}\left(\frac{v}{N}\right) (iv)^{[\alpha]} f^{\hat{}}\,(v)\,\sin vt\,e^{ixv}\,dv\,.$$

Weiterhin folgt

$$(6.22) \qquad \int\limits_{0}^{\infty} t^{-(1+\beta)}\,J_{2N}\,\bar{A}_t f^{([\alpha])}(x)\,dt$$

$$= 2\,i \int\limits_{0}^{\infty} t^{-(1+\beta)}\,dt \int\limits_{-\infty}^{\infty} \chi_3^{\hat{}}\left(\frac{v}{N}\right) (iv)^{[\alpha]} f^{\hat{}}\,(v)\,\sin vt\,e^{ixv}\,dv$$

$$= 2 \int\limits_{-\infty}^{\infty} \chi_3^{\hat{}}\left(\frac{v}{N}\right) (i\,\mathrm{sgn}\,v)\,(iv)^{[\alpha]} f^{\hat{}}\,(v)\,e^{ixv}\,dv \int\limits_{0}^{\infty} t^{-(1+\beta)}\,\mathrm{sgn}\,v\,\sin vt\,dt\,.$$

Die Vertauschung der Integrationsfolge ist nach dem Satz von Fubini erlaubt, da für festes $N > 0$ das letzte Doppelintegral absolut konvergent ist. Es muß nun $\int\limits_{0}^{\infty} t^{-(1+\beta)}\,\mathrm{sgn}\,v\,\sin vt\,dt$ berechnet werden. Aus den Formeln (3.05) folgt für $0 < \beta < 1$

$$2\,i \int\limits_{0}^{\infty} t^{-\beta}\,\sin vt\,dt = 2\,i\,\mathrm{sgn}\,v\,\Gamma(1-\beta)\,|v|^{\beta-1}\,\sin \frac{\pi}{2}(1-\beta)$$

oder mit Hilfe der Formel $\Gamma(1-\beta)\,\Gamma(\beta)\,\sin\pi(1-\beta)=\pi$

$$(6.23)\qquad \frac{2}{\pi}\,\Gamma(\beta)\cos\frac{\pi}{2}(1-\beta)\int_0^\infty t^{-\beta}\,\operatorname{sgn} v\,\sin vt\,dt = |v|^{\beta-1}\qquad (0<\beta<1)$$

Offensichtlich ist $|v|^{\beta-1}$ für $v\neq 0$ bezüglich β im Intervall $0<\beta<2$ eine analytische Funktion und ebenfalls $\Gamma(\beta)\cos\pi(1-\beta)/2$. Das Integral auf der linken Seite von (6.23) konvergiert für $0<\beta<2$ und stellt, da auch $\int_0^\infty t^{-\beta}\log(1/t)\operatorname{sgn} v\,\sin vt\,dt$ für festes $v\neq 0$ konvergiert, eine analytische Funktion bezüglich β dar. Nach dem Identitätssatz ist dann

$$(6.24)\qquad \frac{2}{\pi}\,\Gamma(1+\beta)\cos\frac{\pi}{2}\beta\int_0^\infty t^{-(1+\beta)}\operatorname{sgn} v\,\sin vt\,dt = |v|^{\beta}\qquad (0<\beta<1).$$

Setzt man (6.24) in (6.22) ein, so gilt

$$(6.25)\qquad \frac{1}{\pi}\,\Gamma(1+\beta)\cos\frac{\pi}{2}\beta\int_0^\infty t^{-(1+\beta)}J_{2N}\bar\Delta_t f^{([\alpha])}(x)\,dt$$

$$= \int_{-\infty}^\infty \hat{\chi_3}\!\left(\frac{v}{N}\right)(i\operatorname{sgn} v)(iv)^{[\alpha]}|v|^{\beta}f^{\wedge}(v)\,e^{ixv}\,dv.$$

Will man nun zeigen, daß die Relation (6.21) die Beziehung zwischen den Fouriertransformierten impliziert, so gehe man wie in Satz 6.5 vor und benutze anschließend den Darstellungssatz 1.9 von H. Cramér. Die Umkehrung verläuft ebenso wie die im Beweis zu Satz 6.5. Nur muß man Hilfssatz 6.2 ersetzen durch: Aus $f\in\operatorname{Lip}(\beta,p)$ folgt $\|J_{2N}\bar\Delta_t f\|_p = O(tN^{1-\beta})$. Man erhält analog zu Hilfssatz 6.3

$$\left\|\frac{1}{\pi}\,\Gamma(1+\beta)\cos\frac{\pi}{2}\beta\int_{1/N}^\infty t^{-(1+\beta)}\bar\Delta_t f^{([\alpha])}(\cdot)\,dt - \int_{-\infty}^\infty \hat{\chi_3}\!\left(\frac{v}{N}\right)|v|^{\alpha}f^{\wedge}(v)\,e^{ixv}\,dv\right\|_p = O(1)$$

gleichmäßig in $N>0$. Mit Lemma 1.9 und der Voraussetzung ergibt sich dann (6.21).

Hilfssatz 6.9 ist auch für $p=1$ gültig; der Beweis ist fast identisch, wenn Folgerung 2.14 durch Folgerung 5.3 ersetzt wird. Aus Hilfssatz 6.9 folgert man vermöge der Signumregel 2.7 und Lemma 2.4

Folgerung 6.10   *Sei f,α,β wie in Hilfssatz 6.9. Dann existiert ein $g\in\mathsf{L}^p(E)$ mit $(iv)^{[\alpha]}|v|^{\beta}f^{\wedge}(v)=g^{\wedge}(v)$ f.ü. genau dann, wenn $f^{\sim},\ldots,(f^{\sim})^{([\alpha]-1)}\in\mathsf{AC}(E)$, $(f^{\sim})^{([\alpha])}\in\mathsf{L}^p(E)$ und*

$$\left\|\int_\varepsilon^\infty t^{-(1+\beta)}\bar\Delta_t(f^{\sim})^{([\alpha])}(\cdot)\,dt\right\|_p = O(1)$$

gleichmäßig in $\varepsilon>0$.

Eine ähnliche Bemerkung wie zu Satz 6.6 gilt auch hier für den Fall $p=1$.

Wie Satz 6.7 zeigt man nun

Satz 6.11   *Ist $f,g\in\mathsf{L}^p(E)$, $1\leq p\leq 2$, so gilt für ein $\alpha>0$ mit $\alpha\neq[\alpha]$*

$$(6.26)\qquad (i\operatorname{sgn} v)(iv)^{[\alpha]}|v|^{\beta}f^{\wedge}(v)=g^{\wedge}(v)\quad f.ü.\qquad (0<\alpha-[\alpha]=\beta)$$

genau dann, wenn $f, \ldots, f^{([\alpha]-1)} \in \mathsf{AC}(E)$, $f^{([\alpha])} \in \mathsf{L}^p(E)$ *und*

$$(6.27) \qquad \lim_{\varepsilon \to 0+} \left\| \frac{1}{\pi}\, \Gamma(1+\beta) \cos \frac{\pi}{2}\, \beta \int\limits_\varepsilon^\infty t^{-(1+\beta)}\, \bar{\varDelta}_t f^{([\alpha])}(\cdot)\, dt - g(\cdot) \right\|_p = 0 \,.$$

Folgerung 6.12 *Ist* $f, g \in \mathsf{L}^p(E)$, $1 < p \leq 2$, *so gilt für ein* $\alpha > 0$

$$(6.28) \qquad (iv)^{[\alpha]}\, |v|^\beta f^{\hat{}}(v) = g^{\hat{}}(v) \quad f.\ddot{u}. \qquad (0 < \alpha - [\alpha] = \beta)$$

genau dann, wenn $f^{\sim}, \ldots, (f^{\sim})^{([\alpha]-1)} \in \mathsf{AC}(E)$, $f^{([\alpha])} \in \mathsf{L}^p(E)$ *und*

$$(6.29) \qquad \lim_{\varepsilon \to 0+} \left\| \frac{1}{\pi}\, \Gamma(1+\beta) \cos \frac{\pi}{2}\, \beta \int\limits_\varepsilon^\infty t^{-(1+\beta)}\, \bar{\varDelta}_t (f^{\sim})^{([\alpha])}(\cdot)\, dt - g(\cdot) \right\|_p = 0 \,.$$

Die Äquivalenz von (6.28) und (6.29) für $p = 1$ ist zu vermuten, jedoch nicht bewiesen. Daß die hier verwendeten Konstanten korrekt sind, läßt sich formal leicht aus Formel (6.25) ersehen, wenn $(i\,\mathrm{sgn}\,v)\,(iv)^{[\alpha]}\,|v|^\beta f^{\hat{}}(v) = g^{\hat{}}(v)$ $f.\ddot{u}$. eingesetzt und anschließend der Grenzprozeß für $N \to \infty$ nach (1.16) betrachtet wird.

Durch (6.27) und (6.29) sind nun die Operatoren $T_1^{(\alpha)}$ und $T_2^{(\alpha)}$ bestimmt:

$$T_1^{(\alpha)} f(x) = \underset{\varepsilon \to 0+}{\overset{(p)}{\mathrm{l.i.m.}}} \frac{1}{\pi}\, \Gamma(1+\beta) \cos \frac{\pi}{2}\, \beta \int\limits_\varepsilon^\infty t^{-(1+\beta)}\, \bar{\varDelta}_t f^{([\alpha])}(x)\, dt \qquad (1 \leq p \leq 2)$$

$$T_2^{(\alpha)} f(x) = \underset{\varepsilon \to 0+}{\overset{(p)}{\mathrm{l.i.m.}}} \frac{1}{\pi}\, \Gamma(1+\beta) \cos \frac{\pi}{2}\, \beta \int\limits_\varepsilon^\infty t^{-(1+\beta)}\, \bar{\varDelta}_t (H_0 f)^{([\alpha])}(x)\, dt \quad (1 < p \leq 2) \,.$$

Wie $T_1^{(\alpha)}$ und $T_2^{(\alpha)}$ mit $T^{(\alpha)}$ übereinstimmen, ist zu Anfang von 6.3 erklärt worden. Interessanter ist ihre Beziehung zu den Ableitungen der Operatoren $K_{1-\beta}$ und $H_{1-\beta}$.

Aus Satz 5.15 und Satz 6.11 folgert man

Satz 6.13 *Sei* $f \in \mathsf{L}^p(E)$, $1 \leq p \leq 2$, $\alpha > 0$, $0 < \alpha - [\alpha] = \beta$ *und* $1 - 1/p < \beta < 1$. *Es ist* $(i\,\mathrm{sgn}\,v)\,(iv)^{[\alpha]}\,|v|^\beta f^{\hat{}}(v)$ *genau dann Fouriertransformierte einer* L^p-*Funktion, wenn* $f, \ldots, f^{([\alpha])-1)} \in \mathsf{AC}(E)$, $f^{([\alpha])} \in \mathsf{L}^p(E)$ *und*

$$(6.30) \qquad \underset{\varepsilon \to 0+}{\overset{(p)}{\mathrm{l.i.m.}}} \frac{1}{\pi}\, \Gamma(1+\beta) \cos \frac{\pi}{2}\, \beta \int\limits_\varepsilon^\infty t^{-(1+\beta)}\, \bar{\varDelta}_t f^{([\alpha])}(x)\, dt$$

$$= \left(\frac{d}{dx} \right)^{[\alpha]+1} K_{1-\beta} f(x) \,.$$

Nun gibt die Beziehung (6.30) eine intuitiv außerordentlich leicht einzusehende Interpretation der gebrochenen Differentiation. Denn nach Folgerung 5.17 und 5.18 gilt

$$\left(\frac{d}{dx} \right)^{[\alpha]+1} K_{1-\beta} f(x) = \frac{d}{dx}\, K_{1-\beta} f^{([\alpha])}(x)$$

$$= \frac{d}{dx} \left\{ \left[2\, \Gamma(1-\beta) \cos \frac{\pi}{2}\, (1-\beta) \right]^{-1} \int\limits_{-\infty}^\infty \frac{f^{([\alpha])}(t)}{|x-t|^\beta}\, dt \right\}$$

$$= -\beta \left[2\, \Gamma(1-\beta) \cos \frac{\pi}{2}\, (1-\beta) \right]^{-1} \int\limits_{-\infty}^\infty \frac{f^{([\alpha])}(t)}{\mathrm{sgn}\,(x-t)\,|x-t|^{1+\beta}}\, dt$$

$$= \frac{1}{\pi}\, \Gamma(1+\beta) \cos \frac{\pi}{2}\, \beta \int\limits_0^\infty t^{-(1+\beta)}\, \bar{\varDelta}_t f^{([\alpha])}(x)\, dt$$

mit Hilfe der Formeln $\beta \Gamma(\beta) = \Gamma(1 + \beta)$ und $\Gamma(1 - \beta)\,\Gamma(\beta) \sin \pi(1 - \beta)/2 = \pi$ bei formaler Vertauschung von Integration und Differentiation. Formel (6.30) erlaubt diese Vertauschung in der Norm, wenn das Integral als Cauchy-Hauptwert an der Singularitätsstelle aufgefaßt wird.

Ähnliche Überlegungen gelten für die konjugierten Fouriertransformierten.

Folgerung 6.14 *Sei $f \in \mathsf{L}^p(E)$, $1 < p \leq 2$, α und β wie in Folgerung 6.12. Es ist $(iv)^{[\alpha]}\,|v|^{\beta}f^{\,\wedge}(v)$ genau dann Fouriertransformierte einer L^p-Funktion, wenn $f^{\,\sim}, \ldots, (f^{\,\sim})^{([\alpha]-1)}$*
$\in \mathsf{AC}(E)$, $f^{([\alpha])} \in \mathsf{L}^p(E)$ *und*

$$(6.31) \qquad \underset{\varepsilon \to 0+}{\overset{(p)}{\mathrm{l.i.m.}}} \frac{1}{\pi}\, \Gamma(1 + \beta) \cos \frac{\pi}{2}\beta \int\limits_{\varepsilon}^{\infty} t^{-(1+\beta)}\, \bar{\Delta}_t (H_0 f)^{([\alpha])}(x)\, dt$$

$$= \left(\frac{d}{dx}\right)^{[\alpha]+1} K_{1-\beta}(H_0 f)(x).$$

Faßt man die Sätze 5.13, 5.15, 6.13, die Folgerung 6.14 und das Korollar 5.22 zusammen, so erhält man

Satz 6.15   *Ist $f \in \mathsf{L}^p(E)$, $1 < p \leq 2$, $\alpha > 0$ und $[\alpha] + 1 - 1/p < \alpha < [\alpha] + 1$, so sind folgende Aussagen äquivalent:*

a) $|v|^{\alpha}f^{\,\wedge}(v)$ *ist Fouriertransformierte einer L^p-Funktion;*

b) $(-i\,\mathrm{sgn}\,v)\,|v|^{\alpha}f^{\,\wedge}(v)$ *ist Fouriertransformierte einer L^p-Funktion;*

c) $D^{\alpha}f \in \mathsf{L}^p(E)$;   d) $D^{\alpha}f^{\,\sim} \in \mathsf{L}^p(E)$;

e) $(K_{1+[\alpha]-\alpha}f)^{([\alpha]+1)} \in \mathsf{L}^p(E)$;   f) $(K_{1-[\alpha]+\alpha}f^{\,\sim})^{([\alpha]+1)} \in \mathsf{L}^p(E)$.

Unbefriedigend an Satz 6.15 ist die Einschränkung des Exponentenbereichs α durch p ($1 < p \leq 2$) auf $[\alpha] + 1 - 1/p < \alpha < [\alpha] + 1$. Dies wollen wir mit den den Sätzen 5.1 und 5.2 entsprechenden Aussagen für $p > 1$ umgehen (siehe auch Folgerung 5.23). Denn benutzt man Satz 3.5 und die Signumregel 2.7, so gilt

Folgerung 6.16   *Ist $f \in \mathsf{L}^p(E)$, $1 < p \leq 2$ und $[\alpha] < \alpha < [\alpha] + 1/p$, so sind folgende Aussagen äquivalent:*

a) $|v|^{\alpha}f^{\,\wedge}(v)$ *ist Fouriertransformierte einer L^p-Funktion;*

b) $(-i\,\mathrm{sgn}\,v)\,|v|^{\alpha}f^{\,\wedge}(v)$ *ist Fouriertransformierte einer L^p-Funktion;*

e*) $f, \ldots, f^{([\alpha]-1)} \in \mathsf{AC}(E)$, $f^{([\alpha])} \in \mathsf{L}^p(E)$ *und $f^{([\alpha])}$ ist ein Integral der Ordnung $\beta = \alpha - [\alpha]$ einer L^p-Funktion;*

f*) $f^{\,\sim}, \ldots, (f^{\,\sim})^{([\alpha]-1)} \in \mathsf{AC}(E)$, $(f^{\,\sim})^{([\alpha])} \in \mathsf{L}^p(E)$ *und die $[\alpha]$-te Ableitung von f läßt sich als Integral der Ordnung $\beta = \alpha - [\alpha]$ einer L^p-Funktion darstellen.*

Mit Satz 6.15 und Folgerung 6.16 sind für $p > 1$ die Beziehungen zwischen den Fouriertransformierten für nicht ganze α hinreichend charakterisiert; ausgeschlossen ist hierbei der Fall $\alpha - [\alpha] = 1/2$, falls $p = 2$, der vermutlich durch die Eigenart der Beweismethoden entstanden ist.

6.4 Verallgemeinerung eines Satzes von H. Weyl

Mit den Ergebnissen der letzten beiden Abschnitte läßt sich der in der Einleitung zitierte Satz von H. Weyl auf L^p-Funktionen ($1 \leq p \leq 2$) übertragen. H. Weyl [1] bewies den anfangs zitierten Satz für stetige periodische Funktionen; im Rahmen dieser Arbeit können naturgemäß nur solche Funktionen f zugelassen werden, die auf der ganzen reellen Zahlenachse E definiert und zur p-ten ($1 \leq p \leq 2$) integrierbar sind. Es gilt

Satz 6.17 *Läßt sich $f \in \mathsf{L}^1(E)$ als Stieltjes-Integral der Ordnung α, $0 < \alpha < 1$, darstellen: $f(x) = K_\alpha \mu_1(x)$ bzw. $f(x) = H_\alpha v_1(x)$ f.ü., (μ_1, $v_1 \in \mathsf{NBV}(E)$), so ist $f \in \mathrm{Lip}\,(\alpha, 1)$. Ist umgekehrt $f \in \mathsf{L}^1(E) \cap \mathrm{Lip}\,(\alpha, 1)$, $0 < \alpha < 1$, so kann f als Stieltjes-Integral einer Ordnung β, $0 < \beta < \alpha$, geschrieben werden: $f(x) = K_\beta \mu_2(x)$ bzw. $f(x) = H_\beta v_2(x)$ f.ü. (μ_2, $v_2 \in \mathsf{NBV}(E)$).*

Die erste Behauptung des Satzes ist im wesentlichen durch (5.03) gezeigt. Zum Beweis der anderen Behauptung benutzen wir Satz 6.5 bzw. Hilfssatz 6.9 für $p = 1$. Da

$$\| \int\limits_\varepsilon^\infty t^{-(1+\beta)} \bar{\Delta}_t^2 f(\cdot)\, dt \|_1 \leq \int\limits_\varepsilon^1 t^{-(1+\beta)} \| \bar{\Delta}_t^2 f \|_1\, dt + 4 \| f \|_1 \int\limits_1^\infty t^{-(1+\beta)}\, dt$$

$$\leq \int\limits_\varepsilon^1 t^{-(1+\beta)} \{ \| \Delta_t f \|_1 + \| \Delta_{-t} f \|_1 \}\, dt + O(1) = O(\int\limits_\varepsilon^1 t^{\alpha-1-\beta}\, dt) + O(1) = O(1)$$

gleichmäßig in $\varepsilon > 0$ für $0 < \beta < \alpha$, folgt mit Satz 6.5: $|v|^\beta f\hat{\ }(v)$ ist Fourier-Stieltjestransformierte einer Funktion von beschränkter Variation. Satz 5.1 gibt dann: $f(x) = K_\beta \mu_2(x)$ f.ü. Entsprechend folgt mit Hilfssatz 6.9 und Satz 5.2 der Rest der Behauptung: $f(x) = H_\beta v_2(x)$ f.ü.

Außerdem entnimmt man diesem Beweis:

Folgerung 6.18 *Ist $f \in \mathsf{L}^1(E) \cap \mathrm{Lip}^*\,(1, 1)$, so gilt $f(x) = K_\beta \mu(x)$ f.ü.* ($0 < \beta < 1$).

Analog zeigt man für $1 < p \leq 2$

Satz 6.19 *Ist $f \in \mathsf{L}^p(E)$, $1 < p \leq 2$, und $f(x) = K_\alpha g_1(x)$ f.ü., $0 < \alpha < 1/p$ (oder $f(x) = H_\alpha g_1(x)$ f.ü.), wo $g_1 \in \mathsf{L}^p(E)$, so ist $f \in \mathrm{Lip}\,(\alpha, p)$. Ist umgekehrt $f \in \mathsf{L}^p(E) \cap \mathrm{Lip}\,(\alpha, p)$, $0 < \alpha \leq 1/p$, so gilt $f(x) = K_\beta g_2(x)$ f.ü., $0 < \beta < \alpha \leq 1/p$ (oder $f(x) = H_\beta g_2(x)$ f.ü.), wo $g_2 \in \mathsf{L}^p(E)$.*

Ist hingegen $1 - 1/p < \alpha < 1$, so benutze man an Stelle der Sätze 5.1 und 5.2 ($p > 1$) die Sätze 5.13 und 5.15 und erhält

Satz 6.20 *Ist $f \in \mathsf{L}^p(E)$, $1 < p \leq 2$ und die Ableitung der Ordnung α $f^{(\alpha)} \in \mathsf{L}^p(E)$, $1 - 1/p < \alpha < 1$, so ist $f \in \mathrm{Lip}\,(\alpha, p)$; ist umgekehrt $f \in \mathsf{L}^p(E) \cap \mathrm{Lip}\,(\alpha, p)$, $1 - 1/p < \alpha < 1$, so ist $f^{(\beta)} \in \mathsf{L}^p(E)$, $1 - 1/p < \beta < \alpha$.*

Offensichtlich ist der zweite Teil des Satzes mit den Sätzen 6.5, 5.13 und dem Korollar 5.22 bewiesen. Ist nun $f^{(\alpha)} \in \mathsf{L}^p(E)$, so ist nach Korollar 5.22 diese Aussage äquivalent zu $(H_{1-\alpha} f)' \in \mathsf{L}^p(E)$. Wegen der Lemmata 1.3, 1.4, 3.11 und des Satzes 5.13 gilt

$$m_{1,\alpha} * (H_{1-\alpha} f)'(x) = \lim_{N \to \infty} \frac{1}{\sqrt{2\pi}} \int\limits_{-N}^N \left(1 - \frac{|v|}{N} \right) \frac{e^{ihv} - 1}{|v|^\alpha} [(H_{1-\alpha} f)']\hat{\ }(v)\, e^{ixv}\, dv$$

$$= \lim_{N \to \infty} \frac{1}{\sqrt{2\pi}} \int\limits_{-N}^N \left(1 - \frac{|v|}{N} \right) (e^{ihv} - 1) f\hat{\ }(v)\, e^{ixv}\, dv = \Delta_h f(x)\ \text{f.ü.}$$

Also ergibt sich mit dem Faltungssatz 1.4

$$\| \Delta_h f \|_p \leq \| m_{1,\alpha} \|_1 \| (H_{1-\alpha} f)' \|_p = O(|h|^\alpha).$$

Hieraus folgt unmittelbar der erste Teil des Satzes 6.20.

Wie Folgerung 6.18 gilt auch

Folgerung 6.21 *Ist* $f \in L^p(E) \cap Lip^*(1, p)$, $1 < p \leq 2$, *so ist* $f^{(\beta)} \in L^p(E)$, $1 - 1/p < \beta < 1$.

Mit Satz 6.17 kann man den Satz 2.5 von Privalov für höhere Ableitungen $f^{(k)}$ beweisen, falls $f^{(k)} \in Lip(\beta, p)$ mit $1/2 < \beta < 1$.

Lemma 6.22 *Ist* $f, \ldots, f^{(k-1)} \in AC(E)$ *und* $f^{(k)} \in L^1(E) \cap Lip(\beta, 1)$, $1/2 < \beta < 1$, *so ist* $f^\sim, \ldots, (f^\sim)^{(k-1)} \in AC(E)$ *und* $(f^\sim)^{(k)} \in Lip(\beta, 1)$.

Nach Satz 6.16 läßt sich wegen der Voraussetzung $f^{(k)}$ als Stieltjes-Integral der Ordnung β', $1/2 < \beta' < \beta$, darstellen; nach Satz 5.1 existiert ein $\mu \in NBV(E)$ mit $|v|^{\beta'} [f^{(k)}]^\wedge(v) = \mu^\vee(v)$. Hieraus folgt $[f^{(k)}]^\wedge(v) = |v|^{-\beta'} \mu^\vee(v) \in L^2(E)$ und also $f, f^{(k)} \in L^2(E)$. Mit Lemma 2.4 gilt $(H_0 f)^{(k)}(x) = H_0(f^{(k)})(x)$ f.ü. Wendet man Satz 2.5 auf $f^{(k)}$ an, so erhält man

$$\|(f^\sim)^{(k)}(\cdot + h) - (f^\sim)^{(k)}(\cdot)\|_1 = \|(f^{(k)})^\sim(\cdot + h) - (f^{(k)})^\sim(\cdot)\|_1 = O(|h|^\beta)$$

und hieraus den Rest der Behauptung.

Ließe sich zeigen, daß aus $[f^{(k)}]^\wedge(v) = |v|^{-\beta'} \mu^\vee(v)$, $0 < \beta' \leq 1/2$, die Existenz eines p_0, $1 < p_0 = p_0(\beta') \leq 2$, mit $f, f^{(k)} \in L^{p_0}(E)$ folgt, so würde mit Lemma 2.4 eine Übertragung des Satzes 2.5 für beliebige Ableitungen von f bewiesen sein.

6.5 Partielle Differentialgleichungen

Zum Schluß dieser Abhandlung möchten wir noch einen Ausblick auf Anwendungen in der Theorie der partiellen Differentialgleichungen geben. Wir begnügen uns mit *formalen* Rechenoperationen und behalten eine exakte Ableitung und einen weiteren Ausbau der nachfolgenden Betrachtungen einer späteren Arbeit vor.

W. Feller [1] behandelt das Anfangswertproblem

$$(6.32) \qquad \frac{\partial}{\partial t} u(x, t) = -I^\delta_{-\alpha} u(x, t), \qquad \lim_{t \to 0+} u(x, t) = f(x)$$

(wobei die Konvergenz i. a. in der Metrik des zugrunde liegenden Raumes zu verstehen ist) für festes $\alpha > 0$ und festes δ; er zeigt, daß Lösungen dieses Problems in gewissen Bereichen von α und δ durch Faltungen von f mit den von P. Lévy eingeführten »stable densities« erzeugt werden. Wir verstehen hierbei mit W. Feller unter »stable densities« die Dichtefunktionen, deren Fouriertransformierte von der Form

$$(6.33) \qquad \Phi(v) = exp\left\{ -\tau |v|^\alpha \left(1 + i\gamma \operatorname{sgn} v \tan \frac{\pi \alpha}{2} \right) \right\}$$

$\tau > 0$, $0 < \alpha \leq 2$, $|\gamma| \leq 1$ sind (Ist $\alpha = 1$, so soll der Ausdruck $\gamma \tan \pi\alpha/2$ durch eine beliebige reelle Zahl ersetzt werden). Wir können von dem ähnlichen Problem

$$\frac{\partial u(x, t)}{\partial t} = (-1)^{\left[\frac{k}{2}\right] - 1} \left(\frac{\partial}{\partial x} \right)^k I^\delta_{1-\beta} u(x, t), \qquad \lim_{t \to 0+} u(x, t) = f(x) \; .$$

$(k + \beta - 1 = \alpha)$ zeigen, daß Lösungen durch Faltung von f mit »stable densities« für $0 < \alpha \leq 2$ erzeugt werden. Setzt man speziell $\delta = 0$, so erhält man eine partielle Differentialgleichung mit Differentialquotienten gebrochener Ordnung

$$\frac{\partial u(x, t)}{\partial t} = (-1)^{\left[\frac{\alpha+1}{2}\right]+1} D_x^\alpha u(x, t), \qquad \lim_{t \to 0+} u(x, t) = f(x) \ (\alpha > 0),$$

mit entsprechender Lösung, wo D_x^α die klassische Differentiation der Ordnung α bezüglich x darstellt.

Im Zusammenhang dieser Arbeit interessiert jedoch mehr der Sonderfall $\gamma = 0$ in (6.33). Hierzu betrachten wir das Anfangswertproblem

$$(6.34) \qquad \frac{\partial}{\partial t}\, u(x, t) = -\left(\frac{\partial}{\partial x}\, H_0\right)^k K_{1-\beta} u(x, t), \qquad \lim_{t \to 0+} u(x, t) = f(x),$$

$0 < \beta \leq 1$, $k = 1, 2, \ldots$ ($\beta = 1$; $K_0 = I = $ Identitätsoperator).

Wir lösen (6.34) formal mit Hilfe der Fouriertransformationsmethode auf. Dann gilt mit den Sätzen 2.7, 4.1 und den Lemmata 1.4 und 3.11

$$\left[\frac{\partial}{\partial t}\, u(x, t)\right]^{\widehat{}}(v) = -\,|v|^k\,|v|^{\beta-1}\, u^{\widehat{}}(v, t)$$

oder

$$\frac{d}{dt}\, u^{\widehat{}}(v, t) = -\,|v|^{k-1+\beta}\, u^{\widehat{}}(v, t), \quad u^{\widehat{}}(v, t) = C(v)\, exp\,\{-\,t\,|v|^{k-1+\beta}\}.$$

Die Konstante C läßt sich mit der Anfangswertbedingung bestimmen zu

$$\lim_{t \to 0+} [u(x, t)]^{\widehat{}}(v) = [\lim_{t \to 0+} u(x, t)]^{\widehat{}}(v) = f^{\widehat{}}(v) = C(v).$$

Bei formaler Anwendung der Umkehrformel (1.17) ergibt sich als Lösung von (6.34)

$$(6.35) \qquad u(x, t) = \left(1/\sqrt{2\pi}\right) \int_{-\infty}^{\infty} exp\,\{-\,t\,|v|^{k-1+\beta}\}\, f^{\widehat{}}(v)\, e^{ixv}\, dv.$$

Die allgemeine Differentialgleichung (6.34) mit Lösung (6.35) enthält bekannte Spezialfälle.

Setzen wir in (6.34) $\beta = 1$ und $k = 1$, so gelangen wir zur Laplacegleichung, die man schreiben kann als

$$\frac{\partial u(x, t)}{\partial t} = -\,\frac{\partial}{\partial x}\, H_0 u(x, t), \qquad \lim_{t \to 0+} u(x, t) = f(x),$$

und erhalten als Lösung

$$u(x, t) = \left(1/\sqrt{2\pi}\right) \int_{-\infty}^{\infty} e^{-|v|\,t} f^{\widehat{}}(v)\, e^{ixv}\, dv = \frac{1}{\pi} \int_{-\infty}^{\infty} \frac{t}{y^2 + t^2}\, f(x - y)\, dy.$$

W. FELLER gelangt mit anderen Methoden zu derselben Lösung.

Im Falle $\beta = 1$ und $k = 2$ stellt (6.34) die eindimensionale Wärmeleitungsgleichung und (6.35) ihre Lösung dar

$$\frac{\partial u(x,t)}{\partial t} = \frac{\partial^2}{\partial x^2}\, u(x,t), \qquad \lim_{t\to 0+} u(x,t) = f(x)$$

$$u(x,t) = \left(1/\sqrt{2\pi}\right)\int_{-\infty}^{\infty} e^{-|v|^2 t}\, f^{\hat{}}(v)\, e^{ixv}\, dv$$

$$= \frac{1}{2\sqrt{\pi t}}\int_{-\infty}^{\infty} \exp\left\{\frac{-y^2}{4t}\right\} f(x-y)\, dy .$$

Ist $\beta = 1$ und $k = 3$, so gelangt man zu der partiellen Differentialgleichung

$$\frac{\partial u(x,t)}{\partial t} = \frac{\partial^3}{\partial x^3}\, H_0 u(x,t), \qquad \lim_{t\to 0+} u(x,t) = f(x) .$$

Jedoch läßt sich hier wie bei anderer Wahl von β und k die Lösung nicht mehr in geschlossener Form darstellen. Aus (6.35) ersieht man nun, daß die Lösungen von (6.34) verallgemeinerte Weierstraßintegrale

$$(6.36) \qquad u(x,t) = W_t^{\alpha}(f; x) = \left(1/\sqrt{2\pi}\right)\int_{-\infty}^{\infty} e^{-t|v|^\alpha}\, f^{\hat{}}(v)\, e^{ixv}\, dv$$

$$= \frac{t^{-1/\alpha}}{\pi}\int_{-\infty}^{\infty} S_\alpha(t^{-1/\alpha} y)\, f(x-y)\, dy$$

sind (siehe H. Berens – E. Görlich [1]), wo S_α dargestellt wird durch

$$S_\alpha(x) = \begin{cases} -\dfrac{1}{|x|} \displaystyle\sum_{n=0}^{\infty} \left(\dfrac{-1}{|x|^\alpha}\right)^n \dfrac{\Gamma(1+n\alpha)}{n!} \sin\dfrac{n\pi}{2}\alpha; & 0 < \alpha < 1; \quad x \neq 0 \\[2em] -\displaystyle\sum_{n=0}^{\infty} \dfrac{|x|^n \sin 3\,(n+1)\,\pi/2}{(n+1)!}\, \Gamma\left(\dfrac{n+1}{\alpha}+1\right); & 1 \leqq \alpha < \infty . \end{cases}$$

Die Lösungen bilden demnach eine (stark stetige) Halbgruppe für geeignete f.

Nach HILLE–PHILLIPS [1; p. 673] faßt S. BOCHNER [1] den infinitesimalen Erzeuger dieser Halbgruppe als mögliche Definition des Symbols

$$(6.37) \qquad -\left(-\frac{d^2}{dx^2}\right)^{\alpha/2}$$

auf. W. FELLER [1] identifiziert (6.37) mit $-I^0_{-\alpha}$, setzt also $\delta = 0$. Wir geben hier eine andere Interpretation, die etwas anschaulicher als die Fellersche ist. Bestimmen wir nämlich formal den infinitesimalen Erzeuger der Halbgruppe (6.36), so gilt bei Anwendung der Lemmata 1.3, 2.3 und der Sätze 5.13 und 5.15

$$\lim_{t\to 0+} t^{-1}(W_t^\alpha - I)\,(f; x) = A(f; x) \equiv -\left(-\frac{d^2}{dx^2}\right)^{\alpha/2} f(x)$$

$$= \lim_{t\to 0+}\left(1/\sqrt{2\pi}\right)\int_{-\infty}^{\infty} t^{-1}(e^{-t|v|^\alpha} - 1)\, f^{\hat{}}(v)\, e^{ixv}\, dv$$

$$= \left(-1/\sqrt{2\pi}\right)\int_{-\infty}^{\infty} |v|^\alpha f^{\hat{}}(v)\, e^{ixv}\, dv = -\left(\frac{d}{dx} H_0\right)^k K_{1-\beta} f(x),$$

wo $0 < \alpha - k + 1 = \beta \leqq 1,\ k = 1, 2, \ldots$

(Dieses Resultat kann man aus (6.34) ablesen, falls man $t \to 0+$ streben läßt.)

Somit können wir formal den Bochner-Operator identifizieren mit

$$(6.38) \qquad \left(-\frac{d^2}{dx^2}\right)^{\alpha/2} = \left(\frac{d}{dx}\, H_0\right)^k K_{1-\beta} \qquad (0 < \alpha - k = \beta \leqq 1, \ k = 1, 2, \ldots).$$

S. Bochner [2] benutzt diesen Operator u. a. für $2\,\pi$-periodische Funktionen bei dem Anfangswertproblem $\Delta^\varrho u = -\,(\partial/\partial t)\, u,\ \lim\limits_{t \to 0+} u(x, t) = f(x)$ mit der Lösung $u(x, t) = a_0/2 + \sum_1^\infty exp\,(-\,r^{2\varrho} t)\,(a_r \cos r x + b_r \sin r x)$. Hieraus folgt dann, daß (6.34) eine Übertragung dieses Anfangsproblems auf $-\infty < x < \infty,\ t > 0$ darstellt.

Literaturverzeichnis

a) Bücher

ACHIESER, N. I. [1], Vorlesungen über Approximationstheorie, Akademie-Verlag 1953.

BOCHNER, S., und K. CHANDRASEKHARAN [1], Fourier Transforms, Princeton 1949.

BUTZER, P. L., und H. BERENS [1], Semi-Groups of Operators and Approximation, Springer 1967.

BUTZER, P. L., und R. J. NESSEL [1], Fourier Analysis and Approximation, (in Vorbereitung).

GOLDBERG, R. R. [1], Fourier Transforms, Cambridge 1962.

HARDY, G. H., J. E. LITTLEWOOD und G. PÓLYA [1], Inequalities, Cambridge 1952.

HILLE, E., und R. S. PHILLIPS, Functional Analysis and Semi-Groups, American Math. Society College Publ. 1957.

McSHANE, E. J. [1], Integration, Princeton 1944.

OBERHETTINGER, F. [1], Tabellen zur Fouriertransformation, Springer 1957.

TAYLOR, A. [1], Introduction to Functional Analysis, Wiley 1958.

TITCHMARSH, E. C. [1], Introduction to the Theory of Fourier Integrals, Oxford (sec. edition) 1948.

WEISS, G. [1], Analisis armonico en varias variables. Teoria de los espacios HP, Universidad de Buenos Aires 1960.

ZYGMUND, A. [1], Trigonometric Series, Vol. I, II, (revised edition), Cambridge 1959.

b) Abhandlungen

BERENS, H., und E. GÖRLICH [1], Über einen Darstellungssatz für Funktionen als Fourierintegrale und Anwendungen in der Fourieranalysis, Tôhoku Math. J. (2), 18 (1966), 429–453.

BOCHNER, S. [1], Diffusion equation and stochastic processes, Proc. Nat. Acad. Sci., U.S.A., 35 (1949), 368–370.

BOCHNER, S. [2], Quasi-analytic functions, Laplace operator, positive kernels, Ann. of Math. (2) 51 (1950), 68–91.

BUCHWALTER, H. [1], Saturation sur un groupe abélien localement compact, C.R. Acad. Sci. Paris 250 (1960), 808–810.

BUTZER, P. L. [1], Fourier-transform methods in the theory of approximation, Arch. Rational Mech. Anal. 5 (1960), 390–415.

BUTZER, P. L. [2], On some theorems of Hardy, Littlewood and Titchmarsh, Math. Ann. 142 (1960/61), 259–269.

BUTZER, P. L. [3], Beziehungen zwischen den Riemannschen, Taylorschen und gewöhnlichen Ableitungen reellwertiger Funktionen, Math. Ann. 144 (1961), 275–298.

BUTZER, P. L., und E. GÖRLICH [1], Zur Charakterisierung von Saturationsklassen in der Theorie der Fourierreihen, Tôhoku Math. J. 17 (1965), 29–54.

BUTZER, P. L., und E. GÖRLICH [2], Saturationsklassen und asymptotische Eigenschaften trigonometrischer singulärer Integrale, Festschrift z. Gedächtnisfeier f. K. Weierstraß, 339–392, Westdeutscher Verlag, Köln 1966.

BUTZER, P. L., und R. J. NESSEL [2], Contributions to the theory of saturation for singular integrals in several variables. I. General theory, Nederl. Akad. Wetensch. Indag. Math. 28 (1966), 515–531.

CALDERÓN, A. P., und A. ZYGMUND [1], On the existence of certain singular integrals, Acta Math. 88 (1952), 85–139.

CERCIGNANI, C. [1], Sugli integrali impropri nel senso di Hadamard e su alcuni operatori ad essi collegati, Atti Accad. Naz. Lincei Rend. Cl. Sci. Fis. Mat. Natur. (8), 38 (1965), 39–44.

COOPER, J. L. B. [1], Some problems in the theory of Fourier transforms, Arch. Rational Mech. Anal. 14 (1963), 213–216.

COOPER, J. L. B. [2], Fourier transforms and inversion formulae for L^p-functions, Proc. London Math. Soc. (3) **14**, (1964), 271–298.

CRAMÉR, H. [1], On the representation of a function by certain Fourier integrals, Trans. Amer. Math. Soc. **46** (1939), 190–201.

FELLER, W. [1], On a generalization of Marcel Riesz' potentials and the semi-groups generated by them, Comm. Sém. Math. Univ. Lund [Medd Lunds Univ. Mat. Sem.] Tome Supplémentaire (1952), 72–81.

HARDY, G. H., und J. E. LITTLEWOOD [1], Some properties of fractional integrals (I), Math. Zeit. **27** (1928), 565–606.

HARDY, G. H., und J. E. LITTLEWOOD [2], A convergence criterion for Fourier series, Math. Zeit. **28** (1928), 612–634.

HILLE, E. [1], On the generation of semi-groups and the theory of conjugate functions, Proc. R. Physiogr. Soc. Lund. (14), **21** (1951), 130–142.

HÖRMANDER, L. [1], Estimates for translation invariant operators in L^p-spaces, Acta Math. **104** (1960), 93–140.

LOOMIS, L. H. [1], A note on the Hilbert transform, Bull. Amer. Math. Soc. **52** (1946), 1082 to 1086.

NESSEL, R. J. [1], Das Saturationsproblem für mehrdimensionale, singuläre Integrale und seine Lösung mit Hilfe der Fouriertransformation, Dissertation, TH Aachen (1965).

OGIEVECKIĬ, I. I., und L. G. BOĬCUN [1], On a theorem of Titchmarsh (Russian), Izv. Vysš. Učebn. Zaved. Mathematika, No. 4, (47), (1965), 100–103.

OKIKIOLU, G. O. [1], Fourier transforms and the operator H_α, Proc. Cambridge Philos. Soc. **62** (1966), 73–78.

OKIKIOLU, G. O. [2], On the infinitesimal generator of the Poisson operator, Proc. Cambridge Philos. Soc. **62** (1966), 713–718.

RIESZ, M. [1], Sur les fonctions conjuguées, Math. Zeit. **27** (1927), 218–244.

RIESZ, M. [2], L'integrale de Riemann–Liouville et le problème de Cauchy, Acta Math. **81** (1948), 1–223.

SALEM, R., und A. ZYGMUND [1], Capacity of sets and Fourier series, Trans. Amer. Math. Soc. 59 (1946), 23–41.

STEIN, E. M. [1], The characterization of functions arising as potentials, Bull. Amer. Math. Soc. **67** (1961), 102–104.

STEIN, E. M., und G. WEISS [1], An extension of a theorem of Marcinkiewicz and some of its applications, J. Math. Mech. **8** (1959), 263–284.

SUNOUCHI, G. [1], Characterization of certain classes of functions, Tôhoku Math. J. (2), **14** (1962), 127–134.

SUNOUCHI, G. [2], Saturation in the local approximation, Tôhoku Math. J. (2), **17** (1965), 16–28.

WOLFERSDORF, L. VON [1], Über eine Beziehung zwischen Integralen nicht ganzer Ordnung, Math. Zeit. **90** (1965), 24–28.

WEYL, H. [1], Bemerkungen zum Begriff des Differentialquotienten gebrochener Ordnung, Vierteljschr. Naturforsch. Ges. Zürich **62** (1917), 296–302.

ZAMANSKY, M. [1], Classe de saturation et de certains procédés d'approximation des series de Fourier de fonctions continues, Ann. Sci. Ecole Norm. Sup. **66** (1949), 19–93.

ZYGMUND, A. [2], Smooth functions, Duke Math. J. **12** (1945), 47–76.

ZYGMUND, A. [3], On singular integrals, Rend. Mat. e. Appl. (5), **16** (1957), 468–505.

Sachverzeichnis

Abkürzung: gebr. = gebrochen

Forschungsberichte des Landes Nordrhein-Westfalen

Herausgegeben im Auftrage des Ministerpräsidenten Heinz Kühn
von Staatssekretär Professor Dr. h. c. Dr. E. h. Leo Brandt

Sachgruppenverzeichnis

Gaswirtschaft

Gas economy
Gaz
Gas
Газовое хозяйство

Holzbearbeitung

Wood working
Travail du bois
Trabajo de la madera
Деревообработка

Hüttenwesen · Werkstoffkunde

Metallurgy · Materials research
Métallurgie · Materiaux
Metalurgia · Materiales
Металлургия и материаловедение

Kunststoffe

Plastics
Plastiques
Plásticos
Пластмассы

Luftfahrt · Flugwissenschaft

Aeronautics · Aviation
Aéronautique · Aviation
Aeronáutica · Aviación
Авиация

Luftreinhaltung

Air-cleaning
Purification de l'air
Purificación del aire
Очищение воздуха

Maschinenbau

Machinery
Construction mécanique
Construcción de máquinas
Машиностроительство

Mathematik

Mathematics
Mathématiques
Mathemáticas
Математика

Medizin · Pharmakologie

Medicine · Pharmacology
Médecine · Pharmacologie
Medicina · Farmacología
Медицина и фармакология

NE-Metalle

Non-ferrous meta
Metal non ferreux
Metal no ferroso
Цветные металлы

Physik

Physics
Physique
Física
Физика

Rationalisierung

Rationalizing
Rationalisation
Racionalización
Рационализация

Schall · Ultraschall

Sound · Ultrasonics
Son · Ultra-son
Sonido · Ultrasónico
Звук и ультразвук

Schiffahrt

Navigation
Navigation
Navegacion
Судоходство

Textilforschung

Textile research
Textiles
Textil
Вопросы текстильной промышленности

Turbinen

Turbines
Turbines
Turbinas
Турбины

Verkehr

Traffic
Trafic
Tráfico
Транспорт

Wirtschaftswissenschaften

Political economy
Economie politique
Ciencias económicas
Экономические науки

Einzelverzeichnis der Sachgruppen bitte anfordern

Westdeutscher Verlag · Köln und Opladen
567 Opladen/Rhld., Ophovener Straße 1–3, Postfach 1620